美军装备维修保障术语解读

王海燕　王鹏远　付强　著

国防工业出版社

·北京·

内 容 简 介

本书在深入分析鉴别美军术语辞典、国防部出版物、参谋长联席会议联合出版物以及各军种发布的条例、手册、通告等资料的基础上,对美军装备维修保障领域各类常用术语进行了释义、解读,内容涵盖美军装备维修保障基础、维修保障体系、维修保障活动、维修保障资源、维修保障技术基础5大类、20个小类,共计753条专业术语。

本书可供军队院校及科研院所相关领域的翻译、教学及研究人员使用,也可作为装备维修保障专业岗位人员的参考用书。

图书在版编目(CIP)数据

美军装备维修保障术语解读/王海燕,王鹏远,付强著. —北京:国防工业出版社,2023.8
ISBN 978–7–118–12957–1

Ⅰ.①美… Ⅱ.①王… ②王… ③付… Ⅲ.①军事装备–装备保障–名词术语–研究–美国 Ⅳ.①E712.45–61

中国国家版本馆 CIP 数据核字(2023)第 117591 号

※

国防工业出版社出版发行
(北京市海淀区紫竹院南路23号 邮政编码100048)
三河市众誉天成印务有限公司印刷
新华书店经售

*

开本 710×1000 1/16 印张19 字数294千字
2023年8月第1版第1次印刷 印数1—2000册 定价98.00元

(本书如有印装错误,我社负责调换)

| 国防书店:(010)88540777 | 书店传真:(010)88540776 |
| 发行业务:(010)88540717 | 发行传真:(010)88540762 |

前　言

术语(Terminology)是在特定学科领域用来表示概念的称谓的集合，是通过语音或文字来表达或限定科学概念的约定性语言符号，是思想和认识交流的工具。目前，美军装备维修保障有关术语散见于各类译文、期刊、专著中，没有系统性的专业术语解读，造成对美军装备维修保障各种术语翻译差异很大，同一术语有多种翻译，在理论研究、教学培训和实践工作中造成了诸多误解和不便。对此，作者在进行大量资料比较鉴别的基础上，编写了本书，专门对美军装备维修保障领域各类术语进行释义、解读，供专业研究和学习参考之用。

本书术语主要来源于诸多美军术语辞典、国防部出版物(指令、指示、手册、指令性备忘录等)、参谋长联席会议制定的联合出版物、各军种发布的出版物(条例、手册、通告等)、官方教材、权威网站以及代表性强的学术和论证报告等，涵盖了美军装备维修保障基础、维修保障体系、维修保障活动、维修保障资源、维修保障技术基础 5 大类、20 个小类、753 条专业术语。每条词目对照英文表达、缩略语，并进行了繁简不等的解释，为便于读者使用，设计了按类别、按中文首字母和按英文首字母 3 种检索方式。

本书内容丰富，涉及的知识面较广，有些术语被赋予了新的定义，有些则是近年刚刚出现的。由于编者水平有限，书中难免存在疏漏和不足，敬请读者批评指正，以便不断补充完善。

目 录

一 美军装备维修保障基础术语

1.1 基本概念术语

1.1.1　Logistics　后勤 …………………………………………… 3

1.1.2　Logistics Support　后勤保障 ……………………………… 3

1.1.3　Service　军种 ……………………………………………… 3

1.1.4　Joint　联合 ………………………………………………… 3

1.1.5　Joint Logistics　联合后勤 ………………………………… 4

1.1.6　Joint Servicing　联合勤务 ………………………………… 4

1.1.7　Multinational Logistics　多国后勤 ………………………… 4

1.1.8　Joint Logistics Enterprise　联合后勤体系 ………………… 4

1.1.9　Joint Deployment and Distribution Enterprise
　　　联合部署与配送体系 ……………………………………… 4

1.1.10　Common – User Logistics　通用后勤 …………………… 5

1.1.11　Common Servicing　通用勤务 …………………………… 5

1.1.12　Military Resources　军事资源 …………………………… 5

1.1.13　Military Requirement　军事需求 ………………………… 5

1.1.14　Support　保障 支援 ……………………………………… 5

1.1.15　Direct Support　直接支援 ………………………………… 5

1.1.16　General Support　全般支援 ……………………………… 6

1.1.17　Sustainment　维持 支持 持续保障 ……………………… 6

1.1.18　Materiel Management　装备管理 ………………………… 6

1.1.19　Materiel Maintenance　装备维修 ………………………… 6

1.1.20　Capacity　能力 ⋯⋯⋯⋯⋯⋯⋯⋯⋯⋯⋯⋯⋯⋯⋯⋯⋯⋯⋯⋯⋯⋯⋯ 6
1.1.21　Readiness　战备 ⋯⋯⋯⋯⋯⋯⋯⋯⋯⋯⋯⋯⋯⋯⋯⋯⋯⋯⋯⋯⋯⋯ 7
1.1.22　Operational Readiness　战备状态 ⋯⋯⋯⋯⋯⋯⋯⋯⋯⋯⋯⋯⋯⋯ 7
1.1.23　Administrative Deadline　行政截止期限 ⋯⋯⋯⋯⋯⋯⋯⋯⋯⋯⋯ 7
1.1.24　Maintenance Capability　维修能力 ⋯⋯⋯⋯⋯⋯⋯⋯⋯⋯⋯⋯⋯⋯ 7
1.1.25　Maintenance Capacity　维修产能 ⋯⋯⋯⋯⋯⋯⋯⋯⋯⋯⋯⋯⋯⋯ 7
1.1.26　Enduring Plant Capacity　持续维修能力 ⋯⋯⋯⋯⋯⋯⋯⋯⋯⋯⋯ 8
1.1.27　Bottleneck　（能力）瓶颈 ⋯⋯⋯⋯⋯⋯⋯⋯⋯⋯⋯⋯⋯⋯⋯⋯⋯ 8
1.1.28　Surge　快速提升（能力） ⋯⋯⋯⋯⋯⋯⋯⋯⋯⋯⋯⋯⋯⋯⋯⋯⋯ 8
1.1.29　Core Capability　核心（维修）能力 ⋯⋯⋯⋯⋯⋯⋯⋯⋯⋯⋯⋯⋯ 8
1.1.30　Core Capability Requirement　核心（维修）能力需求 ⋯⋯⋯⋯⋯ 8
1.1.31　Depot Maintenance Capability　基地级维修能力 ⋯⋯⋯⋯⋯⋯⋯ 8
1.1.32　Depot Maintenance Capacity　基地级维修生产能力 ⋯⋯⋯⋯⋯⋯ 9
1.1.33　Depot Maintenance Core Capability　基地维修核心能力 ⋯⋯⋯⋯ 9
1.1.34　Workload　任务量 ⋯⋯⋯⋯⋯⋯⋯⋯⋯⋯⋯⋯⋯⋯⋯⋯⋯⋯⋯⋯ 9
1.1.35　Core Sustaining Workload　核心维修任务 ⋯⋯⋯⋯⋯⋯⋯⋯⋯⋯ 9
1.1.36　Exclusions　非统计范围 ⋯⋯⋯⋯⋯⋯⋯⋯⋯⋯⋯⋯⋯⋯⋯⋯⋯⋯ 9
1.1.37　Operational Environment　作业环境 ⋯⋯⋯⋯⋯⋯⋯⋯⋯⋯⋯⋯ 10
1.1.38　Integration　整合 ⋯⋯⋯⋯⋯⋯⋯⋯⋯⋯⋯⋯⋯⋯⋯⋯⋯⋯⋯⋯ 10
1.1.39　Rehearsal　演练 预演 ⋯⋯⋯⋯⋯⋯⋯⋯⋯⋯⋯⋯⋯⋯⋯⋯⋯⋯ 10
1.1.40　Responsiveness　敏捷性 ⋯⋯⋯⋯⋯⋯⋯⋯⋯⋯⋯⋯⋯⋯⋯⋯⋯ 10
1.1.41　Simplicity　简易性 ⋯⋯⋯⋯⋯⋯⋯⋯⋯⋯⋯⋯⋯⋯⋯⋯⋯⋯⋯ 10
1.1.42　Survivability　生存性 ⋯⋯⋯⋯⋯⋯⋯⋯⋯⋯⋯⋯⋯⋯⋯⋯⋯⋯ 10
1.1.43　Continuity　持续性 ⋯⋯⋯⋯⋯⋯⋯⋯⋯⋯⋯⋯⋯⋯⋯⋯⋯⋯⋯ 10
1.1.44　Sustainability　持续性 ⋯⋯⋯⋯⋯⋯⋯⋯⋯⋯⋯⋯⋯⋯⋯⋯⋯⋯ 10
1.1.45　Economy　经济性 ⋯⋯⋯⋯⋯⋯⋯⋯⋯⋯⋯⋯⋯⋯⋯⋯⋯⋯⋯⋯ 11
1.1.46　Mobility　机动性 ⋯⋯⋯⋯⋯⋯⋯⋯⋯⋯⋯⋯⋯⋯⋯⋯⋯⋯⋯⋯ 11

1.2　基本理论术语

1.2.1　Focused Logistics　聚焦后勤 ⋯⋯⋯⋯⋯⋯⋯⋯⋯⋯⋯⋯⋯⋯⋯⋯ 12
1.2.2　Agile Logistics　敏捷后勤 ⋯⋯⋯⋯⋯⋯⋯⋯⋯⋯⋯⋯⋯⋯⋯⋯⋯ 12
1.2.3　Distribution Based Logistics　配送式后勤 ⋯⋯⋯⋯⋯⋯⋯⋯⋯⋯ 12

1.2.4　Sense and Respond Logistics　感知与响应后勤 …………… 13
1.2.5　Precision Support　精确保障 ………………………………… 13
1.2.6　Lean Maintenance　精益维修 ………………………………… 13
1.2.7　Lean Six Sigma　精益六西格玛 ……………………………… 14
1.2.8　Total Asset Visibility　全资产可视化 ………………………… 14
1.2.9　Joint Total Asset Visibility　联合全资产可视化 …………… 14
1.2.10　Condition – Based Maintenance　基于状态的维修 ……… 14
1.2.11　Condition – Based Maintenance Plus　增强型基于状态的维修 …… 15
1.2.12　Network – Centric Maintenance　以网络为中心的维修 ……… 15
1.2.13　Reliability Centered Maintenance　以可靠性为中心的维修 …… 15
1.2.14　Integrated Logistics Support　综合保障工程 ……………… 16
1.2.15　Performance – Based Logistics　基于性能的保障 ………… 16
1.2.16　Battlefield Damage Assessment and Repair
　　　　战场损伤评估与修复 ……………………………………… 17
1.2.17　Spider Web Sustainment　蛛网式保障 ……………………… 17
1.2.18　Agile Combat Support　敏捷战斗保障 ……………………… 17
1.2.19　Concurrent Engineering　并行工程 ………………………… 18
1.2.20　Maintenance Engineering　维修工程 ……………………… 18

1.3　基本方法术语

1.3.1　Two – Level Maintenance　两级维修策略 ………………… 19
1.3.2　Replace Forward and Repair Rear　前换后修 ……………… 19
1.3.3　Virtual Maintenance　虚拟维修 ……………………………… 19
1.3.4　Scheduled Maintenance　定期维修 ………………………… 19
1.3.5　Remote Maintenance　远程维修 …………………………… 20
1.3.6　Area Support　划区保障 ……………………………………… 20
1.3.7　Pit – Stop　停站快速维修 …………………………………… 20
1.3.8　End – to – End　端对端（保障） …………………………… 20
1.3.9　Contractor Support　合同商保障 …………………………… 20
1.3.10　Contract Maintenance　合同维修 ………………………… 21
1.3.11　Battlefield Damage Assessment　战场损伤评估 …………… 21
1.3.12　Life – Cycle Management　全寿命周期管理 ……………… 21

1.3.13 National Inventory Management Strategy 国家库存管理策略……… 22
1.3.14 Aircraft Structural Integrity Program 飞机结构完整性计划 ……… 22
1.3.15 Failure Mode and Effect Analysis 故障模式与影响分析 ……… 23
1.3.16 Failure Mode 故障模式 …………………………………………… 23
1.3.17 Failure Effect 故障影响 …………………………………………… 23
1.3.18 Engine Structural Integrity Program 发动机结构完整性计划 …… 24
1.3.19 Logistics Assessment 保障评估 ………………………………… 24
1.3.20 Velocity Management 速度管理 ………………………………… 25

1.4 保障对象术语

1.4.1 Operating Forces 作战部队 ……………………………………… 26
1.4.2 System 系统 ………………………………………………………… 26
1.4.3 Weapon System 武器系统 ………………………………………… 26
1.4.4 Major Weapon System 主要武器系统 …………………………… 26
1.4.5 Subsystem 分系统 ………………………………………………… 26
1.4.6 Equipment 装备 …………………………………………………… 26
1.4.7 Mission Essential Materiel 任务必需装备 ……………………… 27
1.4.8 Ammunition Peculiar Equipment 弹药专用装备 ……………… 27
1.4.9 Medical Equipment 医疗装备 …………………………………… 27
1.4.10 Medical Standby Equipment Program 医疗备用装备项目 …… 27
1.4.11 Predeployment Training Equipment 部署前训练装备 ………… 27
1.4.12 Combat Vehicle 战斗车辆 ……………………………………… 28
1.4.13 Repair Cycle Aircraft 在修飞机 ………………………………… 28
1.4.14 Individual Equipment 单兵装备 ………………………………… 28
1.4.15 Left Behind Equipment 后留装备 ……………………………… 28
1.4.16 Rear Detachment Equipment 后方分队装备 ………………… 28
1.4.17 Theater Provided Equipment 战区提供装备 ………………… 28
1.4.18 Small Arms 轻武器 ……………………………………………… 28
1.4.19 Man Portable 便携式(装备) …………………………………… 29
1.4.20 Mock-Up 实体模型 ……………………………………………… 29
1.4.21 Platform 平台 …………………………………………………… 29
1.4.22 Software 软件 …………………………………………………… 29

二 装备维修保障体系术语

2.1 国防部、参联会及联合保障机构术语

2.1.1 Under Secretary of Defense 国防部副部长 ………………… 33
2.1.2 Under Secretary of Defense for Policy 负责政策的国防部副部长 … 33
2.1.3 Under Secretary of Defense for Acquisition, Technology, and Logistics
负责采办、技术与后勤的国防部副部长 …………………… 33
2.1.4 Under Secretary of Defense for Research and Engineering
负责研究与工程的国防部副部长 …………………………… 34
2.1.5 Under Secretary of Defense for Acquisition and Support
负责采办与保障的国防部副部长 …………………………… 34
2.1.6 Deputy Under Secretary of Defense for Logistics and Materiel Readiness
负责后勤与物资战备的副部长帮办 ………………………… 34
2.1.7 Executive Agent 执行机构 …………………………………… 35
2.1.8 Defense Logistics Agency 国防后勤局 ……………………… 35
2.1.9 DLA Troop Support Command 国防后勤局部队保障司令部 …… 36
2.1.10 DLA Land and Maritime Command
国防后勤局陆上和海上司令部 ……………………………… 36
2.1.11 DLA Aviation Command 国防后勤局航空司令部 …………… 36
2.1.12 DLA Energy Command 国防后勤局能源司令部 …………… 36
2.1.13 DLA Distribution Command 国防后勤局配送司令部 ……… 36
2.1.14 DLA Disposition Services Command
国防后勤局物资处理勤务司令部 …………………………… 37
2.1.15 Defense Contract Management Agency 国防合同管理局 …… 37
2.1.16 Administrative Contracting Officer 合同保障行政管理军官 …… 37
2.1.17 Contracting Officer 合同保障官 ……………………………… 37
2.1.18 Contracting Officer Representative 合同保障官代表 ………… 37
2.1.19 Head of Contracting Activity 合同保障机构主管 …………… 37
2.1.20 Field Ordering Officer 野战订购官 …………………………… 38

2.1.21　United States Transportation Command　美国军事运输司令部 …… 38
2.1.22　Military Department　军种部 …………………………………… 38
2.1.23　Secretary of a Military Department　军种部部长 ……………… 38
2.1.24　Depot　修理基地 …………………………………………………… 38
2.1.25　Joint Staff　联合参谋机构 联合参谋部 ………………………… 39
2.1.26　Joint Staff Doctrine Sponsor　联合参谋部作战条令负责人 …… 39
2.1.27　Logistics Directorate of a Joint Staff　联合参谋部后勤部 …… 39
2.1.28　Joint Planning and Execution Community　联合计划与实施机构 … 41
2.1.29　Joint Planning Group　联合计划小组 ………………………… 41
2.1.30　Joint Facilities Utilization Board　联合设施利用委员会 ……… 42
2.1.31　Joint Materiel Priorities and Allocation Board
　　　　物资优先次序与分配联合委员会 ……………………………… 42
2.1.32　Installation Commander　设施指挥官 ………………………… 42
2.1.33　Integrated Staff　综合参谋部门 ………………………………… 42
2.1.34　Integrated Materiel Manager　装备综合管理主管 …………… 42

2.2　陆军装备维修保障机构术语

2.2.1　Deportment of the Army　陆军部 ……………………………… 43
2.2.2　Army Materiel Command　陆军装备司令部 …………………… 43
2.2.3　Life Cycle Management Command　寿命周期管理司令部 …… 43
2.2.4　Aviation and Missile Life Cycle Management Command
　　　　航空与导弹寿命周期管理司令部 ……………………………… 44
2.2.5　Communications‑Electronics Life Cycle Management Command
　　　　通信电子设备寿命周期管理司令部 …………………………… 44
2.2.6　Tank‑Automotive and Armaments Life Cycle Management Command
　　　　坦克机动车辆与武器寿命周期管理司令部 …………………… 44
2.2.7　Joint Munitions and Lethality Life Cycle Management Command
　　　　联合弹药与致命武器寿命周期管理司令部 …………………… 44
2.2.8　Army Contracting Command　陆军合同司令部 ……………… 45
2.2.9　Surface Deployment and Distribution Command
　　　　军事水陆部署与配送司令部 …………………………………… 45

2.2.10　Theater Sustainment Command　战区保障司令部 …………… 45
2.2.11　Expeditionary Sustainment Command　远征保障司令部 ………… 45
2.2.12　TSC – Distribution Management Center
　　　　战区保障司令部配送管理中心 …………………………………… 46
2.2.13　Transportation Control Center　运输控制中心 ………………… 46
2.2.14　Materiel Management Center　物资管理中心 …………………… 46
2.2.15　Army Support Command　陆军支援司令部 ……………………… 47
2.2.16　Corps Support Command　军支援司令部 ………………………… 47
2.2.17　Regional Maintenance Center　地区维修中心(陆军) …………… 47
2.2.18　Red River Army Depot　红河陆军装备修理基地 ………………… 48
2.2.19　Tobyhanna Army Depot　托比汉纳陆军装备修理基地 …………… 48
2.2.20　Anniston Army Depot　安妮斯顿陆军装备修理基地 ……………… 48
2.2.21　Letterkenny Army Depot　莱特肯尼陆军装备修理基地 ………… 48
2.2.22　Corpus Christi Army Depot　科珀斯克里斯蒂陆军装备修理基地 … 49
2.2.23　Rear Area　后方地域 ……………………………………………… 49
2.2.24　Rear Area Security　后方地域安全防护 ………………………… 49
2.2.25　Communications Zone　后勤地幅/地域/地带 ……………………… 49
2.2.26　Army Service Area　集团军勤务地域 ……………………………… 50
2.2.27　Advanced Base　前进基地 ………………………………………… 50
2.2.28　Aviation Classification and Repair Activity Depot
　　　　航空兵分类与修理基地 …………………………………………… 50
2.2.29　Army Aviation Flight Activity　陆军航空飞行机构 ……………… 50
2.2.30　Army Aviation Operating Facility　陆军航空作业机构 ………… 50
2.2.31　Army Aviation Support Facility　陆军航空兵保障设施 ………… 51
2.2.32　Aviation Support Facility　航空兵保障机构 ……………………… 51
2.2.33　Advanced Logistics Support Site　前进后勤支援站(点) ………… 51
2.2.34　Army Field Support Brigade　野战支援旅 ………………………… 51
2.2.35　Army Field Support Battalion　陆军野战支援营 ………………… 52
2.2.36　Contract Support Brigade　合同保障旅 …………………………… 52
2.2.37　Sustainment Brigade　维持旅 ……………………………………… 52

XI

2.2.38　Brigade Support Battalions　旅保障营 ·················· 53
2.2.39　Special Troops Battalion　专业部队营 ··················· 53
2.2.40　Combat Sustainment Support Battalion　战斗支援保障营 ············ 54
2.2.41　Support Maintenance Company　支援维修连 ················ 54
2.2.42　Collection and Classification Company　收集与分类连 ············ 54
2.2.43　Component Repair Company　部件修理连 ················· 55
2.2.44　Field Maintenance Company　野战维修连 ················· 55
2.2.45　Forward Support Company　前方保障连 ·················· 55
2.2.46　Maintenance Control Section　维修控制组 ················· 56
2.2.47　Maintenance Support Team　维修保障组 ················· 56
2.2.48　Maintenance Technician　维修技师 ····················· 56
2.2.49　Field Maintenance Point　野战维修点 ··················· 56

2.3　海军装备维修机构术语

2.3.1　Department of the Navy　海军部 ······················ 58
2.3.2　Naval Supply Systems Command　海军供应系统司令部 ·········· 58
2.3.3　Naval Sea Systems Command　海军海上系统司令部 ············ 58
2.3.4　Naval Air Systems Command　海军航空系统司令部 ············ 59
2.3.5　Space and Naval Warfare Systems Command
　　　　航天与作战系统司令部 ······························ 60
2.3.6　Military Sealift Command　军事海运司令部 ················· 60
2.3.7　Naval Transportation Support Center　海军运输保障中心 ·········· 60
2.3.8　Naval Shipyard　海军船厂 ··························· 60
2.3.9　Norfolk　诺福克海军船厂 ··························· 61
2.3.10　Pearl Harbor　珍珠港海军船厂 ······················· 61
2.3.11　Portsmouth　朴茨茅斯海军船厂 ······················ 61
2.3.12　Puget Sound　皮吉特海军船厂 ······················· 61
2.3.13　Naval Regional Maintenance Center　海军区域维修中心 ·········· 62
2.3.14　Logistics Readiness Center　后勤战备中心 ················· 62
2.3.15　Regional Readiness Center　区域战备中心 ················· 62

2.3.16	Fleet Readiness Center East 东部舰队战备中心	62
2.3.17	Fleet Readiness Center SW 西南舰队战备中心	63
2.3.18	Fleet Readiness Center SE 东南舰队战备中心	63
2.3.19	Fleet and Industrial Supply Center 舰队与工业供应中心	63
2.3.20	Joint Logistics Over – the – Shore Commander 联合岸滩后勤指挥官	63
2.3.21	Logistics Coordinator 后勤协调官	64
2.3.22	Fleet Logistics Coordinator 舰队后勤协调官	64
2.3.23	Task Force Logistics Coordinator 特遣部队后勤协调官	64
2.3.24	Underway Replenishment Coordinator 航行补给协调官	64
2.3.25	Fleet Materiel Support Office 舰队物资保障办公室	64
2.3.26	Private Shipyard 私营船厂	65
2.3.27	Master Ship Repair Agreement 《舰船修理总协议》	65
2.3.28	Agreement for Boat Repair 《舰船维修协议》	65
2.3.29	On – Board Repair Shop 舰上维修车间	66
2.3.30	Afloat Pre – Positioning Force 海上预置部队	66
2.3.31	Naval Expeditionary Logistics Support Force 海军远征后勤保障部队	66
2.3.32	Service Troops 勤务部队	66
2.3.33	Service Group 勤务大队	66
2.3.34	Naval Cargo Handling and Port Group 海军货物装卸与港口大队	67
2.3.35	Naval Cargo Handling Battalions 海军货物装卸营	67
2.3.36	Service Squadron 勤务中队	67
2.3.37	Naval Air Cargo Company 海军航空货运连	67
2.3.38	Naval Advanced Logistics Support Site 海军前进后勤支援站(点)	67
2.3.39	Naval Forward Logistics Site 海军前方后勤站(点)	68
2.3.40	General Services Administration 总务管理局	68
2.3.41	Combat Service Support Area 战斗勤务保障区	68
2.3.42	Force Combat Service Support Area 部队战斗勤务保障地域	68
2.3.43	Beach Support Area 滩头支援区	69

2.3.44　Port of Embarkation　装载港 …………………………………… 69
2.3.45　Port of Debarkation　卸载港 …………………………………… 69

2.4　海军陆战队装备维修保障机构术语

2.4.1　Marine Logistics Command　海军陆战队后勤司令部 ………… 70
2.4.2　Commander Marine Corps Logistics Bases
　　　　海军陆战队后勤基地司令 ………………………………………… 70
2.4.3　Marine Corps Systems Command　海军陆战队系统司令部 …… 70
2.4.4　Marine Corps Logistics Center　陆战队后勤中心 ……………… 70
2.4.5　Marine Corps Blount Island Command　陆战队布朗特岛司令部 … 71
2.4.6　Marine Corps Depot Maintenance Command
　　　　海军陆战队基地维修司令部 ……………………………………… 71
2.4.7　Albany Production Plant　奥尔巴尼工厂 ………………………… 71
2.4.8　Barstow Production Plant　巴斯托工厂 ………………………… 71
2.4.9　Service Support Group　勤务支援大队 ………………………… 72
2.4.10　Combat Service Support Element　战斗勤务保障要素 ……… 72
2.4.11　Combat Service Support Detachment　战斗勤务保障分遣队 … 72
2.4.12　Aviation Logistics Support Ship　航空兵后勤保障舰船 ……… 72
2.4.13　Bare Base Expeditionary Airfield　简易远征机场 …………… 73
2.4.14　Landing Zone Support Area　登陆区保障地域 ……………… 73
2.4.15　Naval Beach Group　滩头保障大队 …………………………… 73
2.4.16　Beach Party Team　滩头保障队(组) ………………………… 73
2.4.17　Classification Maintenance　分类维修 ………………………… 73
2.4.18　Forward Arming and Refueling Point　前方弹药油料补给点 … 73
2.4.19　Repair and Replenishment Point　修理与补充点 ……………… 74
2.4.20　Marine Expeditionary Unit Service Support Group
　　　　陆战队远征分队勤务保障队 ……………………………………… 74
2.4.21　Assault Support Coordinator(Airborne)　突击保障协调员(机载) … 74

2.5　空军装备维修保障机构术语

2.5.1　Department of the Air Force　空军部 …………………………… 75

2.5.2 Air Force Materiel Command　空军装备司令部 ……………… 75
2.5.3 Air Mobility Command　空中机动司令部 …………………… 75
2.5.4 Air Force Audit Bureau　空军审计局 ………………………… 76
2.5.5 Air Force Logistics Management Bureau　空军后勤管理局 ………… 76
2.5.6 Air Logistics Complexes　空军保障中心 ……………………… 76
2.5.7 Ogden Air Logistics Complex　奥格登空军保障中心 ………… 77
2.5.8 Warner Robins Air Logistics Complex　华纳·罗宾斯空军保障中心 … 77
2.5.9 Oklahoma City Air Logistics Complex　俄克拉何马空军保障中心 … 77
2.5.10 Aircraft Maintenance Group　飞机维修大队 ………………… 77
2.5.11 Aircraft Maintenance Squadron　飞机维修中队 ……………… 78
2.5.12 Maintenance Squadron　维修保障中队 ……………………… 79
2.5.13 Maintenance Operations Squadron　维修管理中队 …………… 79

2.6 其他装备维修保障力量术语

2.6.1 General Support Forces　通用保障力量 ……………………… 81
2.6.2 Lead Service or Agency for Common – User Logistics
　　　通用后勤事务的牵头军种或机构 ……………………………… 81
2.6.3 Most Capable Service or Agency　优势军种或机构 …………… 81
2.6.4 Multinational Joint Logistics Center or Commander
　　　多国联合后勤中心或司令官 …………………………………… 81
2.6.5 Multinational Logistics Center or Commander
　　　多国后勤中心或司令官 ………………………………………… 82
2.6.6 Dominant User　主要用户 ……………………………………… 82
2.6.7 Host – Nation Support　东道国支援 …………………………… 82
2.6.8 Private Sector　私人部门 ……………………………………… 82
2.6.9 Public Sector　公共部门 ………………………………………… 82
2.6.10 Commercial Activities　商业机构 …………………………… 82
2.6.11 Prime Vendor　主供应商(总承包商) ………………………… 83
2.6.12 Contractors Authorized to Accompany the Force　伴随保障合同商 … 83
2.6.13 Communications Security Logistics Support Unit
　　　通信安全后勤保障分队 ……………………………………… 83

2.6.14 Depot Maintenance Public Private Partnership　基地维修公私合作 …… 83

2.6.15 Explosive Ordnance Disposal Unit　爆炸物处理分队 …………… 83

2.6.16 Salvage Group　搜救与回收大队 …………………………………… 84

2.6.17 Direct Production Worker　直接维修人员 ………………………… 84

2.6.18 Active Guard and Reserve　国民警卫队和后备役部队现役成员 … 84

2.6.19 Logistics Civilian Augmentation Program　后勤民力增补计划 …… 84

三　装备维修保障活动术语

3.1　维修保障内容术语

3.1.1 Maintenance　维修 …………………………………………………… 87

3.1.2 Inspect　检查 …………………………………………………………… 87

3.1.3 Inspection and Classification　检查与分类 ………………………… 87

3.1.4 Checkout　检测 ………………………………………………………… 87

3.1.5 Test　测试 ……………………………………………………………… 87

3.1.6 Service　维护　保养 …………………………………………………… 88

3.1.7 Adjust and/or Align　调整 …………………………………………… 88

3.1.8 Remove Install　拆装 ………………………………………………… 88

3.1.9 Replace　更换 ………………………………………………………… 88

3.1.10 Discard and Replace　报废并更换 ………………………………… 88

3.1.11 Fault Isolation　故障隔离 …………………………………………… 88

3.1.12 Clear　排除故障 ……………………………………………………… 89

3.1.13 Repair　修理 ………………………………………………………… 89

3.1.14 Rebuild　重建 ………………………………………………………… 89

3.1.15 Calibrate　校准 ……………………………………………………… 89

3.1.16 Overhaul　大修　翻修 ……………………………………………… 89

3.1.17 Reset　重置 …………………………………………………………… 89

3.1.18 Recapitalization　重组 ……………………………………………… 89

3.1.19 Redeployment　重新部署　回撤 …………………………………… 90

3.1.20　Materiel Change　装备改装 …………………………………………… 90
3.1.21　Modification　改造 …………………………………………………… 90
3.1.22　Special Mission Alteration　特殊任务改装 ………………………… 90
3.1.23　Special Purpose Alteration　特殊目的改装 ………………………… 90
3.1.24　Removal　清除 ………………………………………………………… 90
3.1.25　Configuration　配置 …………………………………………………… 90
3.1.26　Custody　保管 ………………………………………………………… 91
3.1.27　Integrated Materiel Management　综合物资管理 ………………… 91
3.1.28　Procurement　获取 …………………………………………………… 91
3.1.29　Technical Assistance　技术支援 …………………………………… 91
3.1.30　Technical Evaluation　技术鉴定 …………………………………… 91
3.1.31　Explosive Ordnance Disposal　爆炸物 弹药处置 ………………… 91
3.1.32　Reclamation　重新利用 ……………………………………………… 92
3.1.33　Disposal　处置 ………………………………………………………… 92
3.1.34　Recovery　回收 ……………………………………………………… 92
3.1.35　Salvage　回收品 回收处理 ………………………………………… 92
3.1.36　Evacuation　后送 …………………………………………………… 92
3.1.37　Requisition　申请 征用 ……………………………………………… 92
3.1.38　Security　警戒 防卫 ………………………………………………… 93

3.2　装备修理活动术语

3.2.1　Execution　组织实施 …………………………………………………… 94
3.2.2　Maintenance Area　维修地域 ………………………………………… 94
3.2.3　Reorder Point　申请补充点 …………………………………………… 94
3.2.4　Equipment Concentration Site　装备集中点 ………………………… 94
3.2.5　Field Maintenance Sub Activity　野战维修分机构 ………………… 94
3.2.6　Mobile Contact Team　机动联络组 ………………………………… 94
3.2.7　Mobilization and Training Equipment Site　动员和训练装备点 …… 95
3.2.8　Satellite Materiel Maintenance Activity　卫星装备维修机构 ……… 95
3.2.9　Pre‐position　预先配置 ………………………………………………… 95

3.2.10　Maintenance Operations　维修活动 …………………… 95
3.2.11　Implementation　实施 …………………………………… 95
3.2.12　Implementation Planning　实施计划 …………………… 95
3.2.13　Contingency Plan　应急计划 …………………………… 96
3.2.14　Interagency Coordination　跨部门协调 ………………… 96
3.2.15　Inter-Service Support　军种间支援 ……………………… 96
3.2.16　Joint Logistics Over-the-Shore Operation　联合岸滩后勤行动 … 96
3.2.17　Concept of Logistic Support　后勤保障方案 …………… 96
3.2.18　Combat Service Support　战斗勤务保障 ……………… 97
3.2.19　Maintenance Control　维修控制 ………………………… 97
3.2.20　Cross-Leveling　跨级调整利用 …………………………… 97
3.2.21　Logistics Supportability Analysis　后勤可保障性分析 …… 97
3.2.22　Maintenance Application　维修申请 …………………… 98
3.2.23　Technical Inspections　技术检查 ………………………… 98
3.2.24　Categories Inspections　装备分类检查 ………………… 98
3.2.25　Precombat Checks　任务前检查 ………………………… 98
3.2.26　Before Operation Checks　使用前检查 ………………… 99
3.2.27　During Operations Checks　使用间检查 ……………… 99
3.2.28　After Operation Checks　使用后检查 ………………… 99
3.2.29　Initial Inspections　初始检查 …………………………… 100
3.2.30　Process Inspections　过程中检查 ……………………… 100
3.2.31　Final Inspections　最终检查 …………………………… 100
3.2.32　Preventive Maintenance　预防性维修 ………………… 100
3.2.33　Preventive Maintenance Checks and Service
　　　　预防性维修检查与保养 …………………………………… 100
3.2.34　General Shop Support　通用维修保障 ………………… 101
3.2.35　Field Support　野战保障 ………………………………… 101
3.2.36　Landing Support　登陆保障 …………………………… 101
3.2.37　Field Maintenance　野战级维修 ………………………… 101
3.2.38　Sustainment Maintenance　支援级维修 ……………… 101

3.2.39	Intermediate Maintenance 中继级维修	102
3.2.40	Depot Maintenance 基地级维修	102
3.2.41	Organizational Maintenance 队属维修/建制维修	102
3.2.42	Forward Support Maintenance 靠前保障维修	103
3.2.43	Logistics Over-the-Shore Operations 后勤滩头作业	103
3.2.44	Product Mix 多类型(维修)	103
3.2.45	Off-Site Maintenance 离位维修	103
3.2.46	On-Site Maintenance 原位维修	103
3.2.47	Operator and/Or Crew Maintenance 使用操作人员维修	103
3.2.48	Battle Damage Repair 战斗损伤修复	104
3.2.49	Short Circuit 短路	104
3.2.50	Bypass 旁路	104
3.2.51	Temporary Repair 临时性修复	104
3.2.52	Fabricate and/or Manufacture 制配或制造	104
3.2.53	Substitute 替代	105
3.2.54	Controlled Exchange 受控替换	105
3.2.55	Special Repair Authority 特殊修理授权	105
3.2.56	Cannibalize 拆件修理	105
3.2.57	Aircraft Cross-Servicing 飞机相互维护	106
3.2.58	Aircraft Modification 飞机加改装	106
3.2.59	Repair Cycle 修理周期	106
3.2.60	Selective Interchange 有选择的互换	106
3.2.61	Battlefield Recovery 战场抢救	106
3.2.62	Self-Recovery 自我抢救	107
3.2.63	Like-Vehicle Recovery 互救 类似装备抢救	107
3.2.64	Dedicated-Recovery 专业救援 专用装备抢救	107
3.2.65	Interim Overhaul 临抢修 中期检修	107
3.2.66	Maintenance Status 维修状态	107
3.2.67	Software Maintenance 软件维护	107
3.2.68	Deferred Maintenance 延迟维修	108

3.2.69　Early Return Equipment　先期返回装备 …………………… 108

3.3　装备维修供应活动术语

3.3.1　Supply　补给 供应 ………………………………………… 109
3.3.2　Supply Requirement　补给需求 …………………………… 109
3.3.3　Resupply　再补给 …………………………………………… 109
3.3.4　Distribution　分配 配发 配置 ……………………………… 109
3.3.5　Embarkation　装载 …………………………………………… 109
3.3.6　Embarkation Phase　装载阶段 ……………………………… 110
3.3.7　Requiring Activity　请领活动 ……………………………… 110
3.3.8　Distribution Management　配送管理 ……………………… 110
3.3.9　Distribution System　配送系统 …………………………… 110
3.3.10　Distribution Methods　配送方法 ………………………… 110
3.3.11　Supply Point Distribution　补给点配送 ………………… 110
3.3.12　Force Distribution　部队配送 …………………………… 111
3.3.13　Distribution Point　配送点 ……………………………… 111
3.3.14　Movement Control　运输控制 …………………………… 111
3.3.15　Initial Provisioning　初始供应 …………………………… 111
3.3.16　Replenishment Systems　补充方式 ……………………… 111
3.3.17　Army Pre-positioned Stocks　陆军预置预储 …………… 112
3.3.18　Logistics Replenishment　后勤补给 ……………………… 112
3.3.19　Afloat Support　海上支援 海上补给 …………………… 112
3.3.20　Automatic Supply　自动补给 …………………………… 112
3.3.21　Main Supply Route　主要补给线 ………………………… 112
3.3.22　P-day　供需平衡日 ……………………………………… 112
3.3.23　Reorder Cycle　再订购周期 ……………………………… 112
3.3.24　Short Supply　供应短缺 ………………………………… 113
3.3.25　Salvage Operation　回收作业 …………………………… 113
3.3.26　Intermodal Operations　联运作业 ……………………… 113
3.3.27　In-transit Visibility　在运可视性 ………………………… 113
3.3.28　System Support Contract　系统保障合同 ……………… 113
3.3.29　Theater Support Contract　战区保障合同 ……………… 114

3.3.30　Reorder Point　再次申请节点 …………………………………… 114

3.3.31　Terminal Operations　终端作业 ……………………………… 114

3.3.32　Throughput　吞吐量　通过量 ………………………………… 114

四　装备维修保障资源术语

4.1　信息系统术语

4.1.1　Global Combat Support System　全球作战保障系统 ………… 117

4.1.2　Global Combat Support System – Army
　　　 全球作战保障系统陆军分系统 ……………………………… 117

4.1.3　Global Combat Support System – Marine Corps
　　　 全球作战保障系统海军陆战队分系统 ……………………… 118

4.1.4　Global Combat Support System – Air Force
　　　 全球作战保障系统空军分系统 ……………………………… 118

4.1.5　Support System　保障系统 ………………………………………… 119

4.1.6　Joint Defect Reporting System　联合缺陷报告系统 …………… 119

4.1.7　Remote Diagnosis Server　远程诊断服务器 ………………… 119

4.1.8　Telemaintenance Support System　远程维修保障系统 ……… 119

4.1.9　Logistics Modernization Program　后勤现代化项目 ………… 120

4.1.10　Standard Army Retail Supply System　标准陆军零星供应系统 … 120

4.1.11　Standard Army Maintenance System – Enhanced
　　　 增强型标准陆军维修系统 ………………………………… 121

4.1.12　Army Workload and Performance System　陆军工作和绩效系统 … 121

4.1.13　Maintenance and Materiel Management System
　　　 维修与器材管理系统 ……………………………………… 121

4.1.14　Ship Integrated Condition Assessment System
　　　 舰船综合状态评估系统 …………………………………… 122

4.1.15　Naval Aviation Maintenance Support Data System
　　　 海军航空维修保障数据系统 ……………………………… 122

4.1.16　Corrosion Control Information Management System
　　　 腐蚀防控信息管理系统 …………………………………… 123

4.1.17 Electromagnetic Consolidated Automatic Support System
电子综合自动化保障系统 …………………………………… 123
4.1.18 Marine Air-Ground Task Force Deployment Support System Ⅱ
陆战队空地特遣部队部署支持系统Ⅱ ………………………… 123
4.1.19 Marine Air-Ground Task Force Ⅱ 陆战队空地特遣部队系统Ⅱ … 124
4.1.20 Marine Air-Ground Task Force Ⅱ/Logistics Automated Information System
陆战队空地特遣部队系统Ⅱ/后勤自动化信息系统 …………… 124
4.1.21 Expeditionary Combat Support System 远征作战保障系统 …… 124
4.1.22 Autonomic Logistics Information System 自主保障信息系统 …… 124
4.1.23 Integrated Maintenance Information System 综合维修信息系统 …… 125
4.1.24 Portable Maintenance Aid 便携式维修辅助装置 ……………… 125
4.1.25 Squadron-Level Maintenance Support Center
中队级维修保障中心 ……………………………………………… 126
4.1.26 Maintenance Work Site 维修工作站 ……………………………… 126
4.1.27 Core Automatic Maintenance System 核心自动化维修系统 …… 126
4.1.28 Maintenance Training System 维修训练系统 …………………… 127
4.1.29 Enterprise Data Warehouse 业务数据仓库 ……………………… 127
4.1.30 Enhanced Diagnostics Aid 增强型诊断助手 …………………… 127
4.1.31 Central Integrated Test System 中央一体化测试系统 ………… 127
4.1.32 Reliability and Maintainability Information System
可靠性与维修性信息系统 ………………………………………… 128
4.1.33 Integrated Vehicle Health Management
飞行器综合健康管理系统 ………………………………………… 128
4.1.34 Prognosis and Health Management 故障预测与健康管理系统 … 128
4.1.35 Failure Report, Analysis & Corrective Action System
故障报告、分析和纠正措施系统 ………………………………… 129
4.1.36 Intermittent Fault Detection and Isolation System
间歇性故障检测和隔离系统 ……………………………………… 129
4.1.37 Maintenance Expert System 维修专家系统 …………………… 129
4.1.38 Augmented Reality Maintenance Guidance System
增强现实维修引导系统 …………………………………………… 129

4.2 维修设施术语

- 4.2.1 Activity 单位 机构 设施 职能 任务 行动 活动 …………… 131
- 4.2.2 Facility 设施 ……………………………………………… 131
- 4.2.3 Installation 固定设施、永久性设施 ………………………… 131
- 4.2.4 Installation Materiel Maintenance Activity 固定装备维修机构 …… 131
- 4.2.5 Military Construction 军事设施 …………………………… 131
- 4.2.6 Infrastructure 永久性设施 ………………………………… 131
- 4.2.7 National Infrastructure 国内永久设施 …………………… 132
- 4.2.8 Installation Complex 综合设施 …………………………… 132
- 4.2.9 Minor Installation 次要设施 ……………………………… 132
- 4.2.10 Base 基地 ………………………………………………… 132
- 4.2.11 Bare base 简易基地 ……………………………………… 132
- 4.2.12 Defense Industrial Base 国防工业基地 ………………… 132
- 4.2.13 Base Operating Support 基地运行保障 ………………… 133
- 4.2.14 Base Operating Support – Integrator 基地运行保障主管 …… 133
- 4.2.15 Base Cluster 基地群 ……………………………………… 133
- 4.2.16 Joint Base 联合基地 ……………………………………… 133
- 4.2.17 Depot Maintenance Activity 基地级(支援级)维修机构 …… 133
- 4.2.18 Area Maintenance Support Activity 区域维修保障机构 …… 133
- 4.2.19 Missile Assembly – Checkout Facility 导弹组装与测试设施 …… 134
- 4.2.20 Facility Substitutes 设施代用品 ………………………… 134
- 4.2.21 Common Use 通用或共用 ………………………………… 134
- 4.2.22 Assembly Area 装配区 …………………………………… 134
- 4.2.23 Production Shop Category 修理线(修理车间)类别 …… 134
- 4.2.24 Shop 修理线(修理车间) ………………………………… 134
- 4.2.25 Work Station 工序 ………………………………………… 134
- 4.2.26 Work Position 工位 ……………………………………… 135

4.3 装(设)备术语

- 4.3.1 Support Equipment 保障装(设)备 ……………………… 136
- 4.3.2 Associated Support Items of Equipment 保障装(设)备 …… 136

4.3.3 Armored Recovery Vehicle　装甲抢修车 …………… 136
4.3.4 Forward Repair System – Heavy　重型前方修理系统 ………… 136
4.3.5 Shop Equipment Contact Maintenance　车间装备直接维修车 …… 137
4.3.6 Submarine Repair Ship　潜艇修理船 ………………… 137
4.3.7 Destroyer Tender Repair Ship　驱逐舰修理船 ………… 138
4.3.8 Supply Ships　补给舰船 …………………………… 138
4.3.9 Expeditionary Support Base Ships　远征基地舰 ……… 138
4.3.10 Landing Ship Dock　船坞登陆舰 ………………… 139
4.3.11 Maritime Pre – positioning Ships　海上预置船 ……… 139
4.3.12 Composite Tool Kit　复合工具套件 ………………… 139
4.3.13 Weibull Analysis Tool　威布尔分析工具 …………… 139
4.3.14 Honeywell Data Device　哈尼维尔数据设备 ………… 140
4.3.15 Hammer Activated Measurement System for Testing and Evaluating Rubber
　　　 锤式激活测量系统 ………………………………… 140
4.3.16 Common Aviation Tool System　通用航空工具系统 …… 140
4.3.17 Point – of – Maintenance System　维修点便携式保障设备 …… 140
4.3.18 Automatic Test Equipment　自动测试设备 ………… 141
4.3.19 Embedded Fault Diagnosis Device　嵌入式故障诊断设备 …… 141
4.3.20 General Purpose Test, Measurement and Diagnostic Equipment
　　　 通用试验、测量和诊断设备 ……………………… 141
4.3.21 Maintenance Shelter　维修方舱 …………………… 141
4.3.22 Materiel Handling Equipment　物资搬运装(设)备 … 142
4.3.23 Remain – Behind Equipment　后留装(设)备 ……… 142
4.3.24 Plant Equipment　工厂装(设)备 ………………… 142
4.3.25 Interactive Electronic Technical Manual　交互式电子技术手册 … 142
4.3.26 Packup Kit　维修工具箱 …………………………… 143
4.3.27 Built – In Test Equipment　嵌入式测试设备 ………… 143
4.3.28 Test, Measurement, and Diagnostic Equipment
　　　 测试、测量和诊断设备 …………………………… 143
4.3.29 System Peculiar Test, Measurement, and Diagnostic Equipment
　　　 系统专用测试、测量和诊断设备 ………………… 143

4.4 装备维修器材

- 4.4.1　Supplies　补给品 …………………………………………………… 144
- 4.4.2　Federal Supply Class Management　联邦补给品分类管理 ………… 144
- 4.4.3　Classes of Supply　补给品分类 ……………………………………… 144
- 4.4.4　Accompanying Supplies　伴随补给品 ……………………………… 145
- 4.4.5　Individual Reserves　单兵(单装)携行补给品 …………………… 145
- 4.4.6　Materiel　物资 ………………………………………………………… 145
- 4.4.7　Recoverable Item　可回收品 ………………………………………… 146
- 4.4.8　Commercial Items　商业产品 ……………………………………… 146
- 4.4.9　Off–the–shelf Item　货架产品 …………………………………… 146
- 4.4.10　Common Supplies　通用补给品 …………………………………… 146
- 4.4.11　Common Use Alternatives　通用替代品 ………………………… 146
- 4.4.12　Common–User Item　通用物品 …………………………………… 146
- 4.4.13　Naval Stores　海军补给品 ………………………………………… 146
- 4.4.14　Landing Force Supplies　登陆部队补给品 ……………………… 147
- 4.4.15　Nonexpendable Supplies and Materiel　非消耗性补给品与物资 … 147
- 4.4.16　Component of End Item　成品组件 ……………………………… 147
- 4.4.17　Base Issue Item　基本发行产品 …………………………………… 147
- 4.4.18　Equipment end Item　成品 ………………………………………… 147
- 4.4.19　Hardware　硬件 …………………………………………………… 148
- 4.4.20　Component　部件 …………………………………………………… 148
- 4.4.21　Assembly　组件 总成 ……………………………………………… 148
- 4.4.22　Major Assembly　主要总成 ……………………………………… 148
- 4.4.23　Module　模块 ……………………………………………………… 148
- 4.4.24　Subassembly　半组件 ……………………………………………… 148
- 4.4.25　Part　零件 元器件 ………………………………………………… 148
- 4.4.26　Critical Safety Item　关键安全产品 ……………………………… 149
- 4.4.27　Common Item　通用(常用、共用)物资 一般商品 通用件 …… 149
- 4.4.28　Spare　备件 ………………………………………………………… 149
- 4.4.29　Installation Spares　安装备件 …………………………………… 149
- 4.4.30　Initial Spares　初始备件 …………………………………………… 149

4.4.31	Follow-On Spares 后续备件	149
4.4.32	Spares Acquisition Integrated with Production 随生产采办备件	150
4.4.33	Stock 库存品	150
4.4.34	Shop Stock 车间库存品	150
4.4.35	Bench Stock 工作台库存品	150
4.4.36	CRT/FMT Stock 战斗修理组/野战修理组库存品	150
4.4.37	On-Board Spares 车(机)载备件	151
4.4.38	Repair Parts 修理用零部件	151
4.4.39	Reparable Item 可修件	151
4.4.40	Depot-Level Reparable Item 基地级可修复件	151
4.4.41	Field-Level Reparable Item 野战级可修复件	151
4.4.42	Consumable Items 消耗件	151
4.4.43	Expendable Items 消耗品	151
4.4.44	Durable Items 耐用品	152
4.4.45	Serial 批号 序号	152
4.4.46	Line Replaceable Unit 外场可更换单元	152
4.4.47	Shop Replaceable Unit 车间可更换单元	152
4.4.48	Maintenance Significant Item and/or Materiel 维修重要产品和装备	152
4.4.49	Last Source of Repair 最终维修资源(唯一来源)	152
4.4.50	Materiel Requirements 物资需求量	153
4.4.51	Peacetime Force Materiel Requirement 平时部队物资需求量	153
4.4.52	Peacetime Materiel Consumption and Losses 平时物资消耗与损失量	153
4.4.53	Storage 储备	153
4.4.54	Stockage Objective 储备目标	153
4.4.55	Operational Reserve 作战储备	154
4.4.56	Contingency Retention Stock 库存物资应急保留 应急储备 加大储备	154
4.4.57	Critical Item 短缺物品	154
4.4.58	Pacing Items 步控产品	154

4.4.59　Substitute Item　替代产品 ·················· 154

4.4.60　Critical Item List　短缺物品清单 ·················· 154

4.4.61　Basic Load　基本携行量 ·················· 155

4.4.62　Prescribed Load List　规定携行量清单 ·················· 155

4.4.63　Authorized Stockage List　核准库存清单 ·················· 155

4.4.64　Contingency Support Package　应急保障成套物资 ·················· 155

4.4.65　Common Contingency Support Package Allowances
　　　　通用应急保障成套物资配备表 ·················· 156

4.4.66　Peculiar Contingency Support Package Allowances
　　　　专用应急保障成套物资配备表 ·················· 156

4.4.67　Pipeline　通道 ·················· 156

4.4.68　Fleet Issue Load List　舰队补给品装货单 ·················· 156

4.4.69　Prepositioned Emergency Supplies　预置紧急补给品 ·················· 156

4.4.70　Floating Dump　应急浮动储备 ·················· 157

4.4.71　Fly-In Support Package　飞行进入成套保障物资 ·················· 157

4.4.72　Follow-On Support Package Allowances　后续保障成套物资配备 ··· 157

五　装备维修保障技术基础术语

5.1　维修技术术语

5.1.1　Maintenance Robot　维修机器人 ·················· 161

5.1.2　Self-Healing Technology　自修复技术 ·················· 161

5.1.3　Self-Healing Armor　自修复装甲 ·················· 161

5.1.4　Self-Healing Anti-Rust Additive　自愈合防锈添加剂 ·················· 161

5.1.5　Self-Healing Liquid Metal Wire　自修复液态金属电线 ·················· 162

5.1.6　Cold Spray Repair Technology　冷喷涂技术 ·················· 162

5.1.7　Additive Manufacturing　增材制造技术 ·················· 162

5.1.8　Mobile Parts Hospital　移动零件医院 ·················· 162

5.1.9　Digital Twins Technology　数字孪生技术 ·················· 163

5.1.10　Laser Surface Coating Technology　激光熔覆技术 ·················· 163

5.1.11　Built-In Test　机内测试 ·················· 164

5.1.12　Laser Paint Removal Technology　激光涂层去除技术 ……………164
5.1.13　Augmented Reality　增强现实技术 ………………………………164
5.1.14　Non-Destructive Testing Technology　无损检测技术 ……………165
5.1.15　AR Non-Destructive Testing Technology　AR 无损检测技术 ……165
5.1.16　Thermal Wave Detection Technology　红外线检测技术 …………165
5.1.17　Artificial Intelligence Technology　人工智能技术………………165
5.1.18　Water Jet Cutting Technology　水射流切割技术 …………………166
5.1.19　Acoustic Tile Removal Technology　消声瓦清除技术 ……………166
5.1.20　Friction Stir Welded Technology　摩擦搅拌焊接技术 ……………166
5.1.21　Supportability Analysis　保障性分析 ………………………………166
5.1.22　Failure Criticality Analysis　故障危害性分析 ……………………167
5.1.23　Fault Tree Analysis　故障树分析 …………………………………168
5.1.24　Level of Repair Analysis　修理级别分析 …………………………169
5.1.25　Intermittent Fault Diagnosis Techniques　间歇故障测试技术 ……169
5.1.26　Remote Diagnosis and Maintenance Technology
　　　　 远程故障诊断与维修技术 ………………………………………170
5.1.27　Automated Identification Technology　自动识别技术 ……………170
5.1.28　Asset Marking and Tracking　资产标识和跟踪 …………………171
5.1.29　Enterprise Asset Tracking　企业资产跟踪 ………………………171
5.1.30　Item Unique Identification Technology　产品唯一标识技术 ……171
5.1.31　Item Unique Identification　产品唯一标识 ………………………171
5.1.32　Source, Maintenance, and Recoverability Code
　　　　 资源、维修与回收代码 …………………………………………171

5.2　法规标准术语

5.2.1　Maintenance Standard　维修标准 …………………………………172
5.2.2　Maintenance Allocation Chart　维修任务分配表 …………………172
5.2.3　Fifty-Fifty Rule　50-50 规则 ……………………………………172
5.2.4　Maintenance Support Regulations　维修保障法规 ………………172
5.2.5　Joint Publication　联合出版物 ……………………………………173
5.2.6　Multinational Doctrine　多国条令 …………………………………173
5.2.7　Multi-Service Doctrine　多军种(联合作战)条令 ………………173

5.2.8 Joint Test Publication 联合试行出版物 ……………………… 173
5.2.9 Capstone Publication 顶级出版物 …………………………… 174
5.2.10 Chairman of the Joint Chiefs of Staff Instruction
       参谋长联席会议主席指令 …………………………………… 174
5.2.11 Keystone Publications 基础出版物 ………………………… 174
5.2.12 Below-the-Line Publications 低级别出版物 ……………… 174
5.2.13 Non-Registered Publication 非登记出版物(文件) ……… 174
5.2.14 Technical Information 技术资料 …………………………… 175
5.2.15 Table of Allowance 编制表 ………………………………… 175
5.2.16 Repair Parts and Special Tools List 修理零件与专用工具清单 … 175
5.2.17 Integrated Logistics Specifications 综合保障标准 ………… 175
5.2.18 Ship Specification for Repair 舰船修理标准 ……………… 175
5.2.19 Test Program Sets 测试程序集 ……………………………… 176
5.2.20 Department of Defense Activity Address Code
       国防部机构地址代码 ………………………………………… 176
5.2.21 End Item Code 最终产品代码 ……………………………… 176
5.2.22 Equipment Category Code 装备分类代码 ………………… 176
5.2.23 Equipment Readiness Code 装备战备完好性代码 ………… 177
5.2.24 Repair Parts Code 修理备件编码 …………………………… 177
5.2.25 National Stock Number 国家库存品编号 ………………… 177
5.2.26 Line Item Number 系列项目编码 …………………………… 178
5.2.27 Z-Line Item Number Z-系列项目编码 …………………… 178
5.2.28 I-Line Item Number I-系列项目编码 …………………… 178
5.2.29 Standard Line Item Number 标准系列项目编码 ………… 178
5.2.30 Nonstandard Line Item Number 非标准系列项目编码 …… 179
5.2.31 Part Number 零件编号 ……………………………………… 179
5.2.32 Cargo Increment Number 额外物资编号 ………………… 179
5.2.33 Replacement Factor 补充系数 ……………………………… 179
5.2.34 Configuration Status Accounting 配置状态统计 …………… 179
5.2.35 Depot Maintenance Work Requirement 基地维修工作要求 …… 179
5.2.36 Depot Maintenance Workload 基地维修工作量 …………… 180

5.3 技术指标术语

- 5.3.1　Fully Mission Capable　完全任务能力 …………………… 181
- 5.3.2　Initial Operating Capability　初始作战能力 ……………… 181
- 5.3.3　Operational Characteristics　作战(工作)性能 …………… 181
- 5.3.4　Technical Characteristic　技术性能 ………………………… 181
- 5.3.5　Equipment Performance Data　装备性能数据 ……………… 181
- 5.3.6　Index　指标 …………………………………………………… 182
- 5.3.7　Critical Characteristics　关键特性 ………………………… 182
- 5.3.8　Deficiency　缺陷 ……………………………………………… 182
- 5.3.9　Fault　故障 …………………………………………………… 182
- 5.3.10　Failure　失效 ………………………………………………… 182
- 5.3.11　Average Llife Span　平均寿命 …………………………… 182
- 5.3.12　Life Cycle　寿命周期 ……………………………………… 183
- 5.3.13　Available Days　可用天数 ………………………………… 183
- 5.3.14　Non Available Days　非可用天数 ………………………… 183
- 5.3.15　Not Mission Capable　不具备任务能力 ………………… 183
- 5.3.16　Not Mission Capable Maintenance　非任务能力——维修 ……… 183
- 5.3.17　Not Mission Capable Maintenance Supply　非任务能力——供应 … 183
- 5.3.18　Partially Mission Capable　部分任务能力 ……………… 184
- 5.3.19　Availability　可用度 ……………………………………… 184
- 5.3.20　Maintainability　维修性 …………………………………… 184
- 5.3.21　Maintenance Degree　维修度 ……………………………… 184
- 5.3.22　Supportability　保障性 …………………………………… 185
- 5.3.23　Reliability Degree　可靠度 ……………………………… 185
- 5.3.24　Mission Reliability　任务可靠度 ………………………… 185
- 5.3.25　Inherent Availability　固有可用度 ……………………… 185
- 5.3.26　Operational Availability　使用可用度 …………………… 186
- 5.3.27　Achieved Availability　可达可用度 ……………………… 186
- 5.3.28　Attrition Rate　损耗率 …………………………………… 187
- 5.3.29　Commonality　通用性 ……………………………………… 187
- 5.3.30　Repair Rate　修复率 ……………………………………… 187

5.3.31	Failure Rate 故障率	188
5.3.32	False Alarm Rate 虚警率	188
5.3.33	Operation Rate 开机率	188
5.3.34	Wear Rate 磨损率	189
5.3.35	Probability of Success 任务成功率	189
5.3.36	Equipment Integrity Rate 装备完好率	189
5.3.37	Equipment Disrepair Rate 装备失修率	190
5.3.38	Equipment Repair Rate 装备返修率	190
5.3.39	Equipment Loss Rate 装备战损率	190
5.3.40	Equipment Damage Rate 装备损伤率	191
5.3.41	Electromagnetic Environmental Effect 电磁环境效应	191
5.3.42	Combat Readiness Rate 战备完好率	191
5.3.43	Aircraft Utilization 飞机利用率	192
5.3.44	Maintenance Man-Hour Ratio 维修工时率	192
5.3.45	Fault Detection Rate 故障检测率	192
5.3.46	Cannot Duplicate Rate 不能复现率	192
5.3.47	Fault Isolation Rate 故障隔离率	193
5.3.48	Retest Qualified Rate 重测合格率	193
5.3.49	Air Parking Rate 空中停车率	193
5.3.50	Advance Replacement Rate 提前换发率	194
5.3.51	Spare Parts Utilization Rate 备件利用率	194
5.3.52	Spare Parts Satisfaction Rate 备件满足率	194
5.3.53	Overhaul Rate 大修返修率	195
5.3.54	Maintenance Completion Probability 维修完成概率	195
5.3.55	Rate of Equipment Utilization 保障设备利用率	195
5.3.56	Guarantee Equipment Satisfaction Rate 保障设备满足率	196
5.3.57	Intact Rate of Maintenance Equipment 维修设备完好率	196
5.3.58	Condition of Maintenance Facilities 维修设施完好率	196
5.3.59	Aircraft Maintenance Grounded Rate 飞机维修停飞率	197
5.3.60	Maintenance Downtime Rate 维修停机时间率	197
5.3.61	Consumption Rate 消耗率	197
5.3.62	Funded Operations Utilization Indicator 维修能力利用率指标	198
5.3.63	Core Capability Attainment Indicator 核心维修能力满足度指标	198

5.3.64	Core Capability Utilization Indicator 核心维修能力利用率指标 … 198
5.3.65	Annual Paid Hours 年日历工时 …………………………………… 198
5.3.66	Annual Productive Hours 年维修时间 …………………………… 198
5.3.67	Availability Factor 可用性系数 ………………………………… 199
5.3.68	Maintenance Man-Hours 维修工时 ……………………………… 199
5.3.69	Direct Labor Hours 直接维修工时 ……………………………… 199
5.3.70	Indirect Labor Hours 间接维修工时 …………………………… 199
5.3.71	Mean Time to Repair 平均修复时间 …………………………… 199
5.3.72	Mean Time to Service 平均维护时间 …………………………… 200
5.3.73	Mean Time to Maintenance 平均维修时间 ……………………… 200
5.3.74	Mean Time Between Failures 平均故障间隔时间 ……………… 201
5.3.75	Mean Fault Detection Time 平均故障检测时间 ………………… 201
5.3.76	Mean Guarantee Delay Time 平均保障延误时间 ……………… 201
5.3.77	Mean Administrative Delay Time 平均管理延误时间 ………… 202
5.3.78	Mean Time to Restore System 系统平均恢复时间 …………… 202
5.3.79	Mean Time Between Maintenance 平均维修间隔时间 ………… 202
5.3.80	Mean Time Between Demands 平均需求间隔时间 …………… 203
5.3.81	Mean Time Between Removals 平均拆卸间隔时间 …………… 203
5.3.82	Mission Time to Restore Function 恢复功能任务时间 ………… 204
5.3.83	Mean Preventive Maintenance Time 平均预防性维修时间 …… 204
5.3.84	Mean Time to Repair 平均修复性维修时间 …………………… 204
5.3.85	Mean Logistics Delay Time 平均保障资源延误时间 ………… 205
5.3.86	Mean Time Between Maintenance Actions 平均维修活动间隔时间 ………………………………………… 205
5.3.87	Mean Time Between Critical Failures 平均致命性故障间隔时间 … 206
5.3.88	Mean Failure Interval Flight Hours 平均故障间隔飞行小时 …… 206
5.3.89	Mean Time Between System Downing 系统平均不工作间隔时间 … 206
5.3.90	Mean Time Between Downing Events 平均不能工作事件间隔时间 …………………………………… 207
5.3.91	Direct Maintenance Man-Hours per Maintenance Action 维修活动平均直接维修工时 …………………………………… 207
5.3.92	Direct Maintenance Man-hours per Maintenance Event 维修事件平均直接维修工时 …………………………………… 207

缩略语

A	······	209
B	······	213
C	······	213
D	······	217
E	······	219
F	······	220
G	······	222
H	······	223
I	······	223
J	······	224
L	······	225
M	······	227
N	······	231
O	······	233
P	······	234
R	······	235
S	······	236
T	······	238
U	······	238
V	······	239
W	······	239
Z	······	239

中文索引

A	······	240
B	······	240
C	······	240
D	······	241
E	······	241
F	······	241
G	······	242
H	······	243
I	······	244
J	······	244
K	······	245
L	······	245
M	······	246
N	······	246
P	······	246
Q	······	247
R	······	247
S	······	248
T	······	248
W	······	249
X	······	249
Y	······	250
Z	······	250

英文索引

A	······	253
B	······	254
C	······	254
D	······	256
E	······	257
F	······	257
G	······	258
H	······	258
I	······	258
J	······	259
K	······	260
L	······	260

M ································ 260	U ································ 266
N ································ 262	V ································ 266
O ································ 263	W ································ 267
P ································ 263	Z ································ 267
R ································ 264	
S ································ 264	
T ································ 266	

参考文献

一

美军装备维修保障基础术语

1.1 基本概念术语

1.1.1 Logistics 后勤

◆ 缩略语:LOG

释 义 是关于计划与实施部队的输送与维持的科学,主要包括:①物资装备的设计与研制、采购、储存、输送、分配、维修、后送及处理;②人员的输送、后送及住院治疗;③设施的采购或建造、维修、操作及处理;④勤务的获取与提供。维修属于美军后勤范畴,是美军后勤的核心职能①。美军后勤"Logistics"也有物流的含义,需要在不同场景下进行辨别。

1.1.2 Logistics Support 后勤保障

◆ 缩略语:LOGSUP

释 义 是指为支援或保障以美国本土为基地的部队和部署在世界各地的部队所需要的后勤勤务、物资器材和运输工具。

1.1.3 Service 军种

◆ 缩略语:SVC

释 义 是指按照美国国会法令组建的美国武装力量的组成部分,军种服役人员为任命、招募或征召者。军种在一个军种部或行政部门内运作,并受其指挥与管理。美国军种有:美国陆军、美国海军、美国空军、美国海军陆战队、天军及美国海岸警卫队。

1.1.4 Joint 联合

释 义 是指两个或两个以上军种部队参加的活动、作战和组织等。

---

① Joint Publication 4-0:Joint Logistics[Z]. Washington, DC:U.S. Government Publishing Office, 2019。

1.1.5 Joint Logistics 联合后勤

◆ 缩略语：JL

释义 指对两个或两个以上作战司令部或军种部的后勤资源进行协调使用、同步和共享，为同一国家两个或两个以上军种部的作战部队的保护、移动、机动、火力、支撑等提供支援的艺术和科学。

1.1.6 Joint Servicing 联合勤务

◆ 缩略语：JS

释义 为支援两个或两个以上军种而联合进行的专业工作。

1.1.7 Multinational Logistics 多国后勤

◆ 缩略语：MNL

释义 是指涉及两个或两个以上国家，在结成同盟或联盟条件下，同时保障多国部队开展军事行动的人和协调一致的后勤行动，其中包括按照联合国决议开展的行动。

1.1.8 Joint Logistics Enterprise 联合后勤体系

◆ 缩略语：JLEnt

释义 是指由全球主要后勤提供者为实现共同目标而合作参与、共同构建的多层矩阵式联合体。

1.1.9 Joint Deployment and Distribution Enterprise 联合部署与配送体系

◆ 缩略语：JDDE

释义 是指集装备、程序、条令、领导、技术联通、信息、共享知识、组织、设施、训练和实施联合配送行动所必需的物资于一体的综合体。

1.1.10 Common – User Logistics 通用后勤

◆ 缩略语：CUL

释义 是指在一次作战行动中,两个或两个以上军种、国防部机构或多国(部队)伙伴所共享的作战物资和勤务支援,或由其向另一军种、国防部机构、非国防部机构和多国(部队)伙伴提供的上述支援。通用后勤通常限于某些特殊种类的补给或勤务,并可进一步限于具体部队或具体类型的部队、具体时间、任务和地区。

1.1.11 Common Servicing 通用勤务

释义 是指一个军种为支援另一个军种而提供的勤务,而受援军种无须偿付。

1.1.12 Military Resources 军事资源

释义 是指在美国国防部所属部门控制下的军事人员与文职人员、设施、装备及补给品。

1.1.13 Military Requirement 军事需求

释义 是指为具备某种能力、达成既定军事目标、完成既定使命任务而确定的资源需求。

1.1.14 Support 保障 支援

释义 是指①一支部队根据命令要求,帮助、保护、补充或支持另一支部队的活动;②一个分队在战斗中帮助另一个分队;③一个司令部的一个单元,在战斗中向其他部队提供帮助、保护或供应。

1.1.15 Direct Support 直接支援

◆ 缩略语：DS

释义 是指一个部队根据被保障部队的请求直接提供的支援。

1.1.16　General Support　全般支援

◆ 缩略语：GS

【释义】　向被保障部队提供全面的保障,但不针对被保障部队任何特定的下属部队。

1.1.17　Sustainment　维持 支持 持续保障

【释义】　提供持续的后勤、人员服务和健康服务保障,以维持和延长战役或战斗,直到成功地完成任务或修改任务或国家目标。其中,后勤包括维修、运输、供应、野战勤务、配送、作战合同保障、通用工程保障；人员服务包括人力资源保障、财务管理、法律保障、宗教保障和乐队；健康服务保障包括伤员护理、健康/精神治疗、医疗后送等。

1.1.18　Materiel Management　装备管理

【释义】　使装备与任务匹配,并确保兵力生成过程中的后勤战备完好水平。主要包括：分发、维护和管理战斗区域范围内的战区提供装备(Theater Provided Equipment,TPE)、储存和维护后留装备(Left-Behind Equipment,LBE),以及分发和维护那些用于非部署部队训练用的部署前训练装备(Pre-Deployment Training Equipment,PDTE)。

1.1.19　Materiel Maintenance　装备维修

【释义】　使装备保持在工作状态,恢复到能使用状态,或改进、升级其有用功能。

1.1.20　Capacity　能力

【释义】　是指①承担特定类别工作的专业人员、设施设备、流程以及技术的组合,用于执行特定类别的工作,以及武器系统和其他军事装备的维护、修理,以适应战略和紧急状态的需求；②在一定时间内可以完成的维修工作量,通常用年直接维修工时表示。

1.1.21　Readiness　战备

释义　是指军队作战和满足国家军事战略要求的能力。战备是两个相互区别、相互关联层次的综合,即部队战备和联合战备。

1.1.22　Operational Readiness　战备状态

◆ 缩略语:OR

释义　是指部队/编队、舰船、武器系统或装备执行组建时确定的任务或职责,或者发挥设计要求之功能的能力。该词可在一般意义上使用,也可用于表示战备的等级或程度。

1.1.23　Administrative Deadline　行政截止期限

释义　指挥官或部队维修军官在认定有必要的情况下,将装备淘汰出现役的期限。依照相应的预防性维修检查保养表,规定了行政截止期限的装备应依照 PMCS 表、AR 385-10 和 DA Pam 750-8 进行报告,主要包括①如果装备予以下发或使用,其使用将违背已颁布的联邦、陆军部、本部队指挥官或东道国的安全规定;②等待完成官方调查之前;③等待移交、上交或处置指示之前;④等待依照安全使用信息(SOUM)进行安全缺陷检查前;⑤等待接受油样重新抽样或特殊抽样结果之前;⑥等待完成所要求的保养之前。

1.1.24　Maintenance Capability　维修能力

释义　是指实施维修作业所需资源的可用度,包括设施、工具、测试测量诊断设备、图纸、技术出版物、训练有素的维修人员、工程与管理保障,以及修理备件。

1.1.25　Maintenance Capacity　维修产能

释义　维修能力的一个定量度量,通常表示为:在一个特定的维修机构或车间,在每周 40 小时(或 5 天)期间,可用的人力小时或直接工时数量。

1.1.26　Enduring Plant Capacity　持续维修能力

释　义　是指位于修理机构内,由指挥官指挥控制,用于基地级维修的修理车间(修理线)的能力。

1.1.27　Bottleneck　(能力)瓶颈

释　义　是指由于修理线上的某一工序能力不足,导致无法充分运用之前或后续工序的单班维修能力。

1.1.28　Surge　快速提升(能力)

释　义　通过调整换班,增加熟练人员、设备、备件和修理零件,提高机构的修理或制造装备的生产量,增加储备等办法,短时间内提升一个已经存在的基地维修能力以满足增大的保障需求。

1.1.29　Core Capability　核心(维修)能力

释　义　是指为确保及时有效响应动员、国防紧急状况以及其他应急需求,由国防部在政府所有、政府运营修理机构(包括人员、设备和设施)中准备和掌控的技术能力和资源。现役武器系统和其他军事装备的基地级维修是国防部所属修理基地的主要任务,必须保持核心维修能力。

1.1.30　Core Capability Requirement　核心(维修)能力需求

释　义　是指为确保及时有效响应动员、国防紧急状况以及其他应急需求,由国防部在政府所有、政府运营的修理机构(包括人员、设备和设施)中准备和掌控的技术能力和资源需求,通常用直接维修工时(DLH)表示。

1.1.31　Depot Maintenance Capability　基地级维修能力

释　义　是指开展规定的基地级维修任务所需要资源(设施、工具、试验设备、图纸、技术出版物、训练、维修人员、工程保障和备件)的可用性。

1.1.32 Depot Maintenance Capacity 基地级维修生产能力

释义 是指在每周40小时周期内,一个规定的工业设施或其他实体,能够用于直接维修人力工时的总数。

1.1.33 Depot Maintenance Core Capability 基地维修核心能力

释义 是指为满足保障参联会作战场景的武器系统的战备与持久性需求在国防基地内保持的能力。核心能力的存在,是为了最小化作战风险,保证武器系统的战备需求。其只能由最少的、必需的设施与装备,以及确保一个现成的和可控的、具有必需的技术水平的资源所必需的熟练人员组成。

1.1.34 Workload 任务量

释义 是指维修保障任务的总量,包括所有任务来源,即作业、维修、采购、研究开发测试与评估、营运资金、偿还款项,以及其他勤务和对外军售等,通常以直接维修工时或工作日为单位。它涉及特定的武器系统、装备、部件、程序、特殊服务、设施和商品等。

1.1.35 Core Sustaining Workload 核心维修任务

释义 是指在和平时期,为保持特定武器系统、单装和部件的主要核心维修能力而赋予国防部维修基地的维修任务。核心维修任务能够确保在和平时期维持必要的应对紧急状态和力量重构的技术能力,从而满足参谋长联席会议主席制定的战略与应急计划,通常用直接维修工时表示。

1.1.36 Exclusions 非统计范围

释义 是指在核心维修能力要求计算中,按照规定不列入能力统计范围的特定系统或国防器材类型的维修。主要包括特殊途径装备维修项目和商业维修项目。

1.1.37　Operational Environment　作业环境

释义　是指影响指挥官能力运用和决策的有关条件、环境和因素的复合体。

1.1.38　Integration　整合

释义　是指对作战行动中的所有持续保障要素聚合在一起,确保指挥与行动的统一。

1.1.39　Rehearsal　演练 预演

释义　是指指挥官、参谋人员和部队按预定行动方案反复演练以提高实战保障、效能的做法。

1.1.40　Responsiveness　敏捷性

释义　是指对不断变化需求的及时应对能力和对满足持续保障所需的快速反应能力。

1.1.41　Simplicity　简易性

释义　是指尽量简化保障所涉及的过程和程序的复杂性。

1.1.42　Survivability　生存性

释义　是指保护人员、武器装备和补给品,并同时欺骗敌人的各类措施。

1.1.43　Continuity　持续性

释义　是指不间断地提供保障。

1.1.44　Sustainability　持续性

释义　是指保持必要的作战行动强度和持续时间以达成军事目标

的能力,从保障角度是指提供战备部队、装备物资和保障军事行动所必需的消耗物资并使之保持一定水平的能力。

1.1.45　Economy　经济性

释　义　是指采用有效方式提供持续保障,以发挥所有资源的最大效能。

1.1.46　Mobility　机动性

释　义　是指军队的一种素质或能力,可以使部队在保持完成其基本任务能力的情况下,从一个地点移动到另一个地点。

1.2 基本理论术语

1.2.1 Focused Logistics 聚焦后勤

◆ 缩略语：FL

◆ 释义　美军于1996年5月《联合构想2010》中提出的保障概念①。2012年9月,美军颁布了《联合构想2020》,对"聚焦后勤"的构想进行了更加清晰的描述②。其基本内涵是通过信息系统,连接后勤的各个功能模块和单元要素,提供可视化的后勤保障态势,增强后勤分析、计划、决策能力,提高包括维修用零部件在内的各种后勤物资的部署、分发和保障水平。聚焦后勤目的是以作战为导向,将保障资源(器材、人员、设施)向主要作战方向、主要任务部队聚焦,进一步缩短作战与后勤保障之间的距离,在有限时间内,提供更加高效的保障。

1.2.2 Agile Logistics 敏捷后勤

◆ 缩略语：AL

◆ 释义　"敏捷后勤"是从美国国防部后勤战略计划所提出的"缩短后勤反应时间、形成紧密衔接的后勤系统、精简后勤基础设施"3个目标发展而来的。目的是在资源有限、军事预算减少的情况下,实现最小的后勤资源耗费;在信息技术及运输技术高度发达的情况下,增加保障反应灵敏度;提高保障设施的生存能力及质量,减小后勤规模;以较少的备件获得更加有效的使用。

1.2.3 Distribution Based Logistics 配送式后勤

◆ 缩略语：DBL

◆ 释义　是指弹药、物资、勤务实现从保障源头到末端整个勤务链条中的按需配送,为部队提供适时、适地、适量、适配的弹药、物资和勤务保障。

---

① 在《联合构想2010》中,提出四大概念,即主宰机动(Dominant Maneuver)、精确打击(Precision Engagement)、全维保护(Full Dimensional Protection)、聚焦后勤(Focused Logistics)。

② CJCS. Joint Vision 2020: American's Military Preparing for Tomorrow [Z]. Washington DC: U. S. Government Printing Office,2000:24-25。

1.2.4 Sense and Respond Logistics 感知与响应后勤

◆ 缩略语：SRL

释　义　是指以网络为中心的动态自适应后勤。所谓"感知"就是实时感知需求(包括作战与后勤需求)；所谓"响应"就是在规定的时间内对这些需求做出达到指挥官要求的反应。美军感知与响应后勤是一个跨军种、跨机构的需求与保障网络,可提供从需求端直达保障源的后勤资源与能力,其标准是速度和质量,依靠有高度适应能力的、自我调节的和动态的物理进程与职能进程进行运作。需要具备动态自适应后勤保障能力、精确保障能力、主动保障能力以及潜在后勤保障能力。

1.2.5 Precision Support 精确保障

◆ 缩略语：PS

释　义　这是海湾战争之后美军提出的保障理念,指以信息技术为基础,准确预测作战保障需求,综合运用各种保障方式,灵活运用各类保障力量,实行适时、适地、适量的保障。美军提出"精确保障",目的是实现全域资源可视化、故障诊断智能化、维修支援远程化、指挥管理自动化和物资投送立体化,其基础是完善的信息化系统,核心要素是高效的信息获取和利用能力。

1.2.6 Lean Maintenance 精益维修

◆ 缩略语：LM

释　义　是指以精益思想为指导,综合运用各种维修技术,通过一系列的原则概念和技术,发现和消除维修过程中的浪费,提高装备维修的经济效益。2004 年 2 月,美国全寿命工程公司(Life Cycle Engineering Inc,LCE)出版了《精益维修》[1]一书,系统阐述了精益维修的形成背景、基本理论和支撑技术。目前,精益维修思想在美军装备维修中得到了广泛应用,在各军种修理基地、海军航空兵的维修站普遍采用精益维修思想改进装备维修过程[2],并取得了良好效果。

---

[1] 詹姆斯.P·沃麦克,丹尼尔.T·琼斯. 精益思想[M]. 北京:商务印书馆,2003。

[2] Berkson M. AFMC Logistics Depot Mainte－nance Transformation. Air Force Materiel Command[R/OL]. (2004－05－04)[2006－04－30]. http://www.osd.atl.mil/lean forum intr.ppt.

1.2.7　Lean Six Sigma　精益六西格玛

◆ 缩略语：LSS

▎释　义▎　六西格玛管理法是一种统计评估方法，于1986年由摩托罗拉公司的比尔·史密斯提出基本概念，20世纪90年代发展成为六西格玛管理，核心是追求零缺陷生产，防范产品责任风险，降低成本，提高生产率和市场占有率，提高顾客满意度和忠诚度。该方法又分为精益改善活动和精益六西格玛项目活动，前者主要针对简单问题，后者主要针对复杂问题，把精益生产的方法和工具与六西格玛的方法和工具结合起来，采用新的"定义（Define）–测量（Measure）–分析（Analyze）–改进（Improve）–控制（Control）"流程（DMAIC Ⅱ）。

1.2.8　Total Asset Visibility　全资产可视化

◆ 缩略语：TAV

▎释　义▎　指利用现代信息技术、通信技术和传感器技术，向用户及时提供地点、调动、状态、部队名称、人员、装备、物资和供应等方面的准确信息，实现物资补给从工厂到散兵坑的全程监控和跟踪。1992年4月美国国防部提出联合全资产可视化（Joint Total Asset Visibility, JTAV）战略规划，1995年在运资产可视化系统投入使用，实现了对物资从运输起点（仓库或供货商）到终点的全程跟踪；1996年战区联合全资产可视化系统部署在美军驻欧司令部和美国中央司令部，为各级司令官提供所有进出战区资产的信息。美国陆军最新的全资产可视化系统能够提供整个陆军的全部资产信息和其他后勤数据，在索马里、卢旺达、阿富汗、伊拉克等军事行动中发挥了巨大作用。

1.2.9　Joint Total Asset Visibility　联合全资产可视化

◆ 缩略语：JTAV

▎释　义▎　综合来自各种联合和军种自动化信息系统的数据向联合部队司令提供储存、处理过程中和运送途中资产情况的能力。

1.2.10　Condition–Based Maintenance　基于状态的维修

◆ 缩略语：CBM

▎释　义▎　是指在装备维修保障中，综合运用传感器、人工智能以及计算机等各种先进技术,通过外部检测设备或装备内部植入的传感器获得装备运行时状态信息,运用数据分析与维修决策技术对装备状态进行实时或周期性评价,科学地做出维修决策。基于状态的维修萌芽于20世纪40年代末期,开始于20世纪60年代,20世纪90年代开始成熟并广泛应用。

1.2.11 Condition – Based Maintenance Plus　增强型基于状态的维修

◆ 缩略语：CBM +

释　义　美军在基于状态的维修理论研究和实践应用基础上,随着新型技术在维修中的广泛应用,于2002年提出的保障理论。主要是在 CBM 的基础上,采用先进维修理念、技术以及实践,建立完整的预测维修方法,减少非定期维修,消除不必要的维修,进而改进研制、购买、使用和维修等整个装备全寿命保障过程,提高维修的效率与效能。

1.2.12 Network – Centric Maintenance　以网络为中心的维修

◆ 缩略语：NCM

释　义　是指最大限度地利用互联网和军用通信网络,开展装备维修保障筹划计划、辅助决策、指挥控制、信息采集分析处理与分发、组织实施等活动,大幅度提升装备维修保障的效能。以网络为中心的维修通常具有远程诊断、远程预防性维修、远程测试和鉴定、远程下载软件、远程维护配置数据库等能力。

2002年8月15日,美国海军为满足网络化作战保障需求,率先提出了"以网络为中心的维修",并成为美军各军种的装备维修保障指导思想。随后,美军开始大力发展满足网络化战场条件和需求的远程支援保障系统,利用现代通信技术、信息处理技术、计算机网络及多媒体技术,开发了新一代基于全球信息栅格的保障信息系统——"全球作战保障系统",以实现运输、供应、维修等各类作业、保障、管理、指挥的自动化和网络化,实现信息近实时共享与处理,系统互联、互通和互操作,为联合作战保障提供保证。

1.2.13 Reliability Centered Maintenance　以可靠性为中心的维修

◆ 缩略语：RCM

释　义　主要指基于装备固有可靠性和安全性,应用逻辑决断的方法确定装备预防性维修要求。1978年,美联合航空公司的诺兰和希普首次明确提出 RCM 的概念,并引起美国军方的重视。20 世纪 70 年代后期,开始在美国装备维修中获得广泛应用,并颁布了相应的标准和规范①。

1.2.14 Integrated Logistics Support　综合保障工程

◆ 缩略语:ILS

释　义　是指在装备的寿命周期内,为满足战备完好性要求,降低寿命周期费用,综合考虑装备的保障问题,确定保障性要求,进行保障性设计,规划并研制保障资源,及时提供装备所需保障资源的一系列管理和技术活动。美军使用的术语为"综合后勤保障",主要是因为美军装备维修属于后勤的核心职能。我国在引进、研究这一理论的过程中,为了适应我军后装分离的实际情况,减少误解,突出装备保障特色,不能直接从字面上翻译为"综合后勤保障"或"综合后勤工程"。而应译为"装备综合保障工程、综合保障工程、保障性工程或装备保障性工程"。

1.2.15 Performance–Based Logistics　基于性能的保障

◆ 缩略语:PBL

释　义　是指以降低保障成本和提高保障效率为目的,通过军方、产品保障集成方、产品保障供应商三方努力和协调,达成一项以对预期性能结果和最终保障效能的科学评估为支付标准的长期合同,并严格执行,通过激励措施使供应商降低成本、提高保障效率。将保障主要目标从购买维修备件、工具、技术资料和训练设备为主的传统保障模式,向重点关注装备战备完好性的"基于性能的保障"转变。经过十几年的发展,"基于性能的保障"取得了巨大的进展和成效,2016 年,美国国防部发布了《基于性能的保障指南》,目前已经被美国国防部指定为武器系统首选的保障策略。为了适应我军后装分离的实际情况,减少误解,通常不能按照字面直译为"基于性能的后勤",而应译为"基于性能的保障"。

---

① 1985 年 2 月美空军颁布的 MIL–STD–1843,1985 年 7 月美陆军颁布的 AMCP 750–2,1986 年 1 月美海军颁布的 MIL–STD–2173 等都是关于 RCM 应用的指导性标准或文件。美国国防部指令和后勤保障分析标准中,也明确把 RCM 分析作为制定预防性维修大纲的方法。

1.2.16　Battlefield Damage Assessment and Repair　战场损伤评估与修复

◆　缩略语：BDAR

释义　　是美军的战场装备抢救抢修理论,指在战场环境下,通过对部组件采用一系列野战临时性修复措施,使损伤装备快速返还作战指挥官的过程。战场损伤评估与修复取决于作战条件、损伤程度、维修时限,以及可用的具有必需技能的人员、备件、工具和材料等因素,主要方式包括:设置旁路部组件或安全装置、从相似或低优先级装备上拆用部组件、制造修理用零部件、采用临时应急装置、简化维修标准,使用可替代的液体、材料和部组件。根据损伤装备的维修需求和可用的时间限制,可以将车辆恢复至能执行全部任务的状态,也可以恢复特定作战任务所必需的最基本作战能力,或使损伤装备能够实现自我抢救。

1.2.17　Spider Web Sustainment　蛛网式保障

◆　缩略语：SWS

释义　　是基于"多域战"需求提出的保障概念。美军认为,在"多域战"中,战场不再是线性的、供应链也不再是线性的,而是"蛛网"式保障,通过"使用多条线路、多种模式、多个节点,以及多名供应商,向被保障指挥官提供作战主动权"的方式,使保障力量在保持对物资和装备控制权的同时,能够以机动、冗余和分散的方式及时准确地开展保障行动。

美军"蛛网保障理念",其英文"Spider Web",由支撑该理念的9种核心能力英文首字母组成。其中:S——充分自我保障的部队(Self-Sufficient Unit);P——精确后勤(Precise Logistics);I——部队之间能力互通互用(Interoperability with Partners);D——配送(Distribution);E——远征持续保障(Expeditionary Sustainment);R——地区性资源(Regional Resources);W——广泛分散(Widely Dispersed);E——任务式指挥中实施整体资源计划工作(Enabled Mission Command with Enterprise Resource Planning);B——持续保障应聚焦旅一级部队(Brigade-Focused)。

1.2.18　Agile Combat Support　敏捷战斗保障

◆　缩略语：ACS

释义　　该概念于1999年由美军提出,目的是使部队做好充分准备,在合适的时间、地点,高效地利用适当的资源做出快速响应,有效保障部队作战行动。

1.2.19　Concurrent Engineering　并行工程

◆ 缩略语:CE

释　义　是集成地、并行地设计产品及其相关过程(包括制造过程和支持过程)的系统方法①。于1988年由美国国家防御分析研究所(Institute of Defense Analyze,IDA)提出,该方法要求产品开发人员在一开始就考虑产品整个生命周期中从概念形成到产品报废的所有因素,包括质量、成本、进度计划和用户要求。并行工程的目标是提高质量、降低成本、缩短产品开发周期和产品上市时间。具体做法是:在产品开发初期,组织多种职能协同工作的项目组,使有关人员从一开始就获得对新产品需求的要求和信息,积极研究涉及本部门的工作业务,并将所需要求提供给设计人员,使许多问题在开发早期就得到解决,从而保证了设计的质量,避免了大量的返工浪费。在维修保障领域,并行工程思想的实现需要各维修工种及相关部门密切联系,通力合作,进行严格细致的工作和人员调配,提高生产设备的有效连续作业率,缩短维修时间,降低生产成本。

1.2.20　Maintenance Engineering　维修工程

◆ 缩略语:ME

释　义　是研究装备维修保障系统的建立及其运行规律的学科。主要研究与维修有关的装备特性和要求,维修保障系统功能、组成要素及其相互关系、维修决策及管理等。20世纪60年代,美军开始运用系统理论、技术思维、工程方法研究装备保障问题;1975年,在美国陆军部主持下,由航天局编写出版了《维修工程技术》(*Maintenance Engineering Techniques*)一书,论述了维修工程的理论和方法;随后装备维修工程作为一门综合性工程技术学科及新兴学科开始在世界各国得到应用与发展。

---

① Wognum P M,Curran R,Ghodous P,et al. Concurrent Engineering – Past,Present and Future[C/OL]. (2018-12-18). www.researchgate.net。

1.3 基本方法术语

1.3.1 Two – Level Maintenance 两级维修策略

释义 依据装备修理任务和修理方式确立的装备维修保障策略。随着信息技术的发展进步,装备维修保障指挥控制、组织协调能力逐步增强,装备维修作业体系结构向扁平化、网络化方向发展,美军装备维修由最初的部队级、直接支援级、全般支援级、基地级四级,调整优化为部队级、中继级、基地级三级,进而形成当前的野战级、支援级两级维修策略。在国内,两级维修策略有时也译为"两级维修作业体系"。

1.3.2 Replace Forward and Repair Rear 前换后修

释义 "前换后修"的全称为前方换件(Replace Forward)与后方修理(Repair Rear),是美军在21世纪两级维修转型中提出的一个概念,主要指通过先进的故障预测与诊断工具、保障装备和训练等,在前方,即修理点、故障点或部队维修集中点,通过替换外场可换单元或武器可更换组件,修复损伤或故障装备,恢复装备的技战术性能;在后方,修理基地或其他大修机构,对装备组织高等级修理,并将替换下来的零部件进行修复,进而返还给供应系统。

1.3.3 Virtual Maintenance 虚拟维修

◆ 缩略语:VM

释义 是指依托计算机建模、仿真和虚拟现实等技术,构造虚拟维修场景,通过人与虚拟系统的交互,进行维修性设计分析、维修性演示验证、维修过程核查、维修训练实施等,提高维修技能培训、组织、实施的效能。

1.3.4 Scheduled Maintenance 定期维修

释义 是指根据日程表、行驶里程或运转小时而对装备进行规定的定期检查与维护。

1.3.5 Remote Maintenance 远程维修

◆ 缩略语：RM

释义　　是指通过计算机、通信和网络技术,与异地设备进行远程联结,实现远程设备的诊断和控制,完成装备维修任务。远程维修系统可使武器装备修理和维护人员迅速获得急需的维修技术建议与相关信息,从而大大提高作战部队的野战级修理能力。

1.3.6 Area Support 划区保障

释义　　是指提供后勤保障、卫勤保障和人事勤务的一种方式,持续保障部队向指定保障区域内的或路过保障区的部队提供保障。

1.3.7 Pit-Stop 停站快速维修

释义　　源于国际赛车比赛,主要指在赛车过程中根据轮胎的磨耗和油耗状态,适时进入维修站快速更换换胎、排除故障、进行机械调整等。美军将这种维修方式引入到军事装备维修保障实践中,目的是提高装备修理速度,减轻后勤保障负担,提升装备可用性,时刻保持装备的"超级战备完好性"。

1.3.8 End-to-End 端对端(保障)

释义　　是美国国防部针对国防后勤局供应链具体实践模式的形象表述。美军认为,"供应链"是包括物资回收和供应商、后勤管理者及用户之间必需信息的双向流动过程,涉及采购、生产、运输等过程的途径和方法,其范围包括负责维修用零部件的分销商和供应商、内部信息流(维修保障需求、维修环境分析等)和资金流,最终形成一条始于部队用户需求,然后又从地方供应商到部队用户的一条供应链,实现由原材料到终端装备维修需求方流动过程中所有涉及实体构成的一个完整"端对端"闭合回路。

1.3.9 Contractor Support 合同商保障

◆ 缩略语：CS

释义　　是指把军队一部分非核心保障工作以合同形式承包给地

方企业,以充分利用地方丰富的物资、技术、人力等资源来增强军队的保障能力。

1.3.10 Contract Maintenance 合同维修

◆ 缩略语:CM

释 义 是指根据合同由商业机构(包括主要承包商)负责实施的装备维修保障。此种维修保障可以是一次性的,也可以是持续性的,但在保障程度上没有区别。

1.3.11 Battlefield Damage Assessment 战场损伤评估

◆ 缩略语:BDA

释 义 是指装备战场损伤后,迅速判定损伤部位与程度、现场可否修复、修复时间和修复后的作战能力,确定修理场所、方法、步骤及所需保障资源的过程[1]。进行战场损伤评估可以采用的技术包括:基本功能项目分析(Basic Function Item Analysis,BFIA)、损伤模式及影响分析(Damage Mode and Effect Analysis,DMEA)、损伤树分析(Damage Tree Analysis,DTA)及损伤定位分析(Damage Location Analysis,DLA)等技术。

1.3.12 Life – Cycle Management 全寿命周期管理

◆ 缩略语:LCM

释 义 也称为全寿命保障,包括由指定的项目经理实施、管理、监督与国防部系统整个寿命周期内采办、研发、生产、投入战场、保障和处理相关的所有活动。2015年1月,美国国防部发布新版DoDI 5000.02号指示,首次以独立附件的形式,专门对武器装备全寿命周期管理进行全面阐述,使武器装备全寿命周期保障制度化。全寿命周期管理分为5个阶段[2],其中采办有A、B、C这3个里程碑(图1-1)。

---

[1] Joint Chief of Staff Joint Operations[Z]. Washington Government Printing Office,2008:Ⅳ-32。
[2] 空军指示AFI 63-101《全寿命周期保障》、AFI 10-601《作战能力需求开发》、AFI 99-103《基于能力的测试与评估》、AFI 63-138《服务采办》等法规,为全寿命周期保障的执行提供完整的框架。

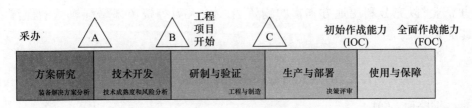

图1-1　全寿命周期管理示意图

1.3.13　National Inventory Management Strategy　国家库存管理策略

◆ 缩略语：NIMS

释　义　　是指将国防后勤局的消耗品库存(批发级)和各军种的消耗品库存(零售级)结合成为一个单一的国家库存,以更加一体化的方式进行管理[①]。目前,国防后勤局已经成功地实现了对能源、医药和生活用品等物资的国家级库存管理,并将进一步推广到第九类物资(修理零件)保障。"国家库存管理策略"实施之后,将由国防后勤局独自拥有和管理全军的消耗品库存,对物资供应的全过程(从供应品的采办一直到向使用单位提供供应品)进行独家控制。这种单一的库存管理概念将能够降低库存规模、提高后勤保障的响应能力,以及实现对供应链的全面可视性。新的库存管理方式,将由国家库存直接将供应品提供给最终用户,以便提高整个消耗品供应链的效能和效率。

1.3.14　Aircraft Structural Integrity Program　飞机结构完整性计划

◆ 缩略语：ASIP

释　义　　美国空军为减少和避免因结构裂纹引发的灾难性飞行事故,在订货、设计、验证、使用和退役全寿命期内,保持飞机结构完整性的基本方法和要求,主要目的是在不影响飞机执行任务能力的前提下,采取经济、有效的措施,防止飞机寿命期内出现由疲劳裂纹和腐蚀等损伤引发的故障。自1972年起,美国空军开始在 ASIP 中引入了损伤容限设计思想,并于1975年正式纳入到 ASIP 中,以军用标准 MIL-STD-1530 形式予以颁布。随后美国空军根据飞

---

① PROCTOR H L, COOK A J. *DIA's New Inventory Management Strategy*[J]. Army Logistician, 2002, 34(5):2-5.

机结构损伤实践和理论的发展情况,对 ASIP 进行了多次修订,以确保 ASIP 的先进性和有效性。2005 年 11 月,美军颁布了 MIL – STD – 1530C,增加了风险评估与管理等内容。

1.3.15　Failure Mode and Effect Analysis　故障模式与影响分析

◆　缩略语:FMEA

　释　义　又称为失效模式与后果分析、失效模式与效应分析、失效模式与后果分析、故障模式与效应分析等。是指在产品设计过程中,通过对产品各组成单元潜在的各种故障模式及其对产品功能的影响进行分析,提出可能采取的预防改进措施,以提高产品可靠性的一种设计分析方法。

20 世纪 40 年代后期,美国空军开始正式采用 FMEA[1][2],随后将 FMEA 用于航天技术/火箭制造领域,避免代价高昂的火箭技术发生差错;20 世纪 70 年代后期,福特汽车公司出于安全和法规方面的考虑,在汽车行业采用了 FMEA,改进生产和设计工作。

1.3.16　Failure Mode　故障模式

◆　缩略语:FM

　释　义　又称失效模式,是指元器件或产品故障的一种表现形式。一般是能被观察到的一种故障现象,如材料的弯曲、断裂、零件的变形、电器的接触不良、短路、设备的安装不当、腐蚀等。

1.3.17　Failure Effect　故障影响

◆　缩略语:FE

　释　义　是指该故障模式会造成对安全性、产品功能的影响。故障产生的影响通常分为 4 级,Ⅰ级为灾难性故障,造成人员死亡或系统(如飞机)毁坏;Ⅱ级为致命性故障,导致人员严重受伤,器材或系统严重损伤,从而

---

[1]　Procedure for performing a failure mode effect and criticality analysis[Z]. United States Military Procedure, MIL – P – 1629,1949。

[2]　JEE T L,Tay K M,Lim C P, A new two – stage fuzzy inference system – based approach to prioritize failures in failure mode and effect analysis[J]. IEEE Transactions on Reliability,2015,64(3):869 – 877。

使任务失败；Ⅲ级为致命性故障，使人员轻度受伤、器材及系统轻度损伤，从而导致任务推迟执行或任务降级或系统不能起作用（如飞机误飞）；Ⅳ级为轻度故障，严重程度不足以造成人员受伤、器材或系统损伤，但需要非计划维修或修理。

1.3.18 Engine Structural Integrity Program 发动机结构完整性计划

◆ 缩略语：ENSIP

▌释　义▐　是指对燃气涡轮发动机进行结构设计、分析、开发、生产及寿命周期管理的一种有效的、严格的方法。"发动机结构完整性计划"（ENSIP）仿照美国空军"飞机结构完整性计划"，主要用于提高预测发动机灾难性故障的概率。

1.3.19 Logistics Assessment 保障评估

◆ 缩略语：LA

▌释　义▐　是对项目的保障性规划进行的一种分析，是衡量武器装备采办项目的产品保障（持续保障）质量、持续保障（保障性）规划执行情况和有效性的一种评估方法。其一般流程为：规划和组织、执行评估、评估结果的报告、评估发现缺陷的改进等。美国陆军和海军称其为独立保障评估（Independent Logistics Assessment，ILA），美国空军称其为保障健康评估（Logistics Health Assessment，LHA）[1]。

美军采办项目需要在每个阶段或决策点之前进行保障评估，向高层领导提交保障评估的结果和证明。国防部顶层采办文件 DoDI 5000.02（2017版）规定，国防部各部局都应在里程碑B和C以及做出批生产决策之前针对所有武器系统重大国防采办项目开展独立的保障评估，以评估产品保障策略的充分性、确定可能驱动未来使用与保障费用的特征、有助于降低费用的系统设计变更，以及管理费用的有效策略。

---

① Logistics Health Assessment（LHA）[EB/OL].（2020-10-21）. https://www.dau.edu/tools/t/Logistics-Health-Assessment-(LHA)。

1.3.20　Velocity Management　速度管理

◆　缩略语：VM

> 释　义　　是指利用多种管理工具、自动化系统和其他先进技术来加快保障进程。1995年1月,美军开展"速度管理"计划,在维修保障领域主要关注修理用零部件(第九类物资)管理,目的是"用速度和物资库存代替大库存,并减少申请物资的运输时间"[①]。随后,该项目拓展到其他保障领域。

---

① Walden J L. 速度管理更新[J]. 陆军后勤军官,1999(3/4):5。

1.4　保障对象术语

1.4.1　Operating Forces　作战部队

释义　主要承担战斗任务的部队,包括其所属的保障分队在内。

1.4.2　System　系统

释义　是指由多种单元、总成、主要组件、模块和零件组配一起,能够实现特定功能的装备或装备系统。

在美军维修保障相关术语中,涉及装备和维修保障备件的术语包括系统、装备、分系统、产品、最终产品(成品)、单元、总成、组件、模块、零件等概念,其含义与国内存在一些微妙的差异,应当根据文中的语义语境,按照装备结构从大到小的逻辑关系准确翻译。

1.4.3　Weapon System　武器系统

释义　是指一种或多种武器的组合,包括能独立完成任务的各种相关装备、物资、勤务设施、人员及适用的运载与部署工具等。

1.4.4　Major Weapon System　主要武器系统

释义　是指美国国防部根据军事上的紧迫性、重要性或资源需求量而确定为对国家利益至关重要的有限数量的武器系统或分系统。也可译为"主战武器系统"。

1.4.5　Subsystem　分系统

释义　是指独立授权产品,与其他产品共同工作,组成一个工作产品/系统。

1.4.6　Equipment　装备

释义　是指配备给个人或组织的可多次使用的一切用具。美军装备的范畴比我军大,某些属于设备、器材、服装等物品,也称为装备。

1.4.7 Mission Essential Materiel 任务必需装备

释义 是指授权并编配给批准的战斗和战斗保障部队的装备,目的是:消灭敌人或削弱其继续战争的能力;为战场人员提供保护;战场通信;对敌人的探测、定位或监视;运输投送与装备保障。战斗和战斗保障部队与上述类型和配置相同的用于训练的装备,也是任务必需装备。

1.4.8 Ammunition Peculiar Equipment 弹药专用装备

◆ 缩略语:APE

释义 在基地使用的,实施弹药的维修、监视、非军事化或保护、包装的装备。

1.4.9 Medical Equipment 医疗装备

◆ 缩略语:ME

释义 指医疗诊断、治疗和手术使用的设备,主要包括由美国食品和药品管理局(FDA)批准的装(设)备,类似的商业、非标准化产品以及向患者提供实时看护市场化的医疗设备、兽医设备等,在美国联邦供应目录中大约有6500个品种。

1.4.10 Medical Standby Equipment Program 医疗备用装备项目

◆ 缩略语:MSEP

释义 是指用于保障关键健康医疗装备的最终产品、组件或总成,项目包括向被保障机构提供装备,以替换不能更换的经济可修复装备。

1.4.11 Predeployment Training Equipment 部署前训练装备

◆ 缩略语:PDTE

释义 是指按照特别授权,从战区装备池中提供的标准和非标准的装备,代替作战装备用于个人和集体训练,以保障尚没有装备部署的部队训练需求。

1.4.12　Combat Vehicle　战斗车辆

◆ 缩略语：CV

> 释　义　　是指具有特定作战功能的装甲或非装甲车辆。即便有装甲保护或安装有作为辅助装备的武器，如果不是用于作战，在美军中，也不列为战斗车辆。

1.4.13　Repair Cycle Aircraft　在修飞机

> 释　义　　是指正在进行或等待后方维修的现役编制飞机，包括正在运往基地级修理机构途中或从基地级修理机构运出的飞机。

1.4.14　Individual Equipment　单兵装备

> 释　义　　专指个人所用的服装与装备。

1.4.15　Left Behind Equipment　后留装备

◆ 缩略语：LBE

> 释　义　　是指在部队部署后仍留在原驻地的、部队资产簿中的装备。该装备被计入并保留在驻地，直到部队返回。

1.4.16　Rear Detachment Equipment　后方分队装备

> 释　义　　是指由后方分队人员统计的部队资产簿中的非部署装备。

1.4.17　Theater Provided Equipment　战区提供装备

> 释　义　　是指在前方确认、收集和放置的永久性战区装备，用于满足装备部署需求。

1.4.18　Small Arms　轻武器

> 释　义　　是指便携式、单兵和乘员组配发的武器系统，主要用来对付人员、轻装甲或非装甲装备。

1.4.19　Man Portable　便携式(装备)

释　义　是指个人能携带的装备。具体地说,此术语可用于表示①计划作为徒步士兵结合其任务而携带的个人装备、数人操作的装备或班组装备的组成部分的物品,最大重量限度为 14kg(31 磅)左右;②在陆战中个人能远距离携带而又不致严重影响其履行正常职责的装备。

1.4.20　Mock – Up　实体模型

释　义　是指按同样尺寸仿制的机器、装置或武器的模型,用于研究新产品构造,进行新产品试验,或训练人员操纵实际机器、装置或武器。

1.4.21　Platform　平台

释　义　是指作为分析核心维修能力需求的基础,由国防部各部门指定的武器系统、装备体系、保障系统等。

1.4.22　Software　软件

释　义　是指提供操作系统所需的功能或能力的计算机程序,包括安装在单装、平台、武器系统(如预先安装、商用货架产品、开源等)上的计算机程序,以及武器分系统、子系统正常功能和操作所需的计算机程序。

二

装备维修保障
体系术语

2.1 国防部、参联会及联合保障机构术语

2.1.1 Under Secretary of Defense 国防部副部长

◆ 缩略语：USD

释义　国防部长在某一工作领域的首席参谋助手和顾问。目前对于"Under Secretary of Defense""Deputy Under Secretary of Defense for……""Assistant Deputy Under Secretary of Defense for……"等尚没有统一的翻译,为了区别各自的职位,建议分别翻译为"国防部副部长""国防部副部长帮办""国防部副部长助理","for"后面为所负责的职能。

2.1.2 Under Secretary of Defense for Policy 负责政策的国防部副部长

◆ 缩略语：USD(P)

释义　是国防部长在以下方面的首席参谋助手和顾问,具体包括：制定国家安全和国防政策,以及集成和监督国防部政策和规划以实现国家安全目标的所有事务。

2.1.3 Under Secretary of Defense for Acquisition, Technology, and Logistics 负责采办、技术与后勤的国防部副部长

◆ 缩略语：USD(AT&L)

释义　国防部原负责装备维修保障的主责副部长。2017年8月1日,美国国防部向国会提交了《重组国防部采办、技术与后勤及首席管理官组织机构》报告,将原负责采办、技术与后勤的国防部副部长的职能,拆分为国防部研究与工程的副部长和国防部采办与保障的副部长。

2.1.4 Under Secretary of Defense for Research and Engineering 负责研究与工程的国防部副部长

◆ 缩略语：USD(R&E)

▌释 义▐ 担任国防部首席技术官,负责通过推动先期技术开发与创新发展,在维修领域制定技术创新、技术开发、技术转移等方面的政策;在重大国防采办项目的系统工程和研制试验鉴定方面,为采办与保障副部长提供支撑。

2.1.5 Under Secretary of Defense for Acquisition and Support 负责采办与保障的国防部副部长

◆ 缩略语：USD(A&S)

▌释 义▐ 是国防部长在采办与保障方面的首席参谋助手和顾问,主要包括:及时、经济、高效地为美军提供相应的装备与物资;制定和颁布武器系统与采办服务等方面的相关政策,指导各部门高效完成采办与能力交付;制定和颁布国防部后勤、维修、装备战备、保障以及供应和运输等方面的政策;对相关的后勤、维修、装备战备、保障项目实施监督、审查并提出改进建议;制定联合武器系统的保障政策,重点提高保障工作的标准化与快速性;维持工业基础,评估工业基础满足未来国防需求的能力,分析确定供应链风险。

2.1.6 Deputy Under Secretary of Defense for Logistics and Materiel Readiness 负责后勤与物资战备的副部长帮办

◆ 缩略语：DUSD(L&MR)

▌释 义▐ 负责后勤与物资战备的副国防部长帮办,是国防部长、国防部副部长以及负责采办与保障的国防部副部长在后勤和装备战备完好性方面的首席顾问,同时也是高级管理层中的首席后勤官员。此外,负责后勤与物资战备的副部长帮办还是国防部长、国防部副部长以及负责采办与保障国防部副部长在能源政策、计划和项目方面的首席顾问,并负责就能源在国防部规划过程中的作用等事宜向参谋长联席会议主席提供建议。主要负责规定国防部的后勤、维修、装备战备、持续保障,以及供应和运输的政策和程序;负责向负责采办与保障的国防部副部长提供关于后勤、维修、装备战备、持续保障的建议与支持;对国防部范围内的后勤、维修、装备战备和持续保障项目进行监控和评审。

2.1.7　Executive Agent　执行机构

◆　缩略语：EA

释　义　国防部用来表示国防部长授权给下属已代表国防部长采取行动的机构。

2.1.8　Defense Logistics Agency　国防后勤局

◆　缩略语：DLA

释　义　国防部下属机构。国防后勤局总部设在弗吉尼亚州贝尔沃堡，主要由地区司令部、业务部门和参谋部门构成，下设部队保障司令部、陆上和海上司令部、航空司令部、能源司令部、配送司令部以及物资处理勤务司令部等，通过专用联络官和区域司令部，为作战司令部提供直接服务。

国防后勤局主要管理全球配送仓库网络，负责接收、储存和分发各军种、总务管理局及国防后勤局拥有的各式物品（在装备维修方面，提供武器系统的零部件和可修品,第九类物资）；负责回收、利用、各种成品、零备件、危险品和有害废弃物。目前，承担着美国陆军、海军、海军陆战队、空军、天军、海岸警卫队、10个战区级联合作战司令部，以及其他联邦机构、合作伙伴和盟军提供备件等保障任务,截至2018年，国防后勤局共有2.5万文职和现役人员[①]；12000多家供应商（其中80%是小型企业），每年提供价值超过340亿美元的商品和服务；管理9个供应链和约500万个项目；保障超过2300种的武器系统,提供了全军85%维修备件，发挥着全球联合供应保障的作用。

国防后勤局平时向负责采办与保障的国防部副部长汇报，战时向参联会联合参谋部后勤部汇报。通过向各作战区派出国防后勤局应急支援小组，作为联合作战区内国防后勤局支援的协调中心，在作战前沿地区提供后勤保障能力，并以此实现国防后勤能力的前沿存在。国防后勤局还提供战区内国防回收利用服务。国防后勤局协助联合部队司令部的后勤处长，建立战区特定程序，对各种设施、装备和补给进行重新使用。

---

① Defense Logistics Agency Strategic Plan 2018—2026[Z]. DLA,2017.

2.1.9 DLA Troop Support Command　国防后勤局部队保障司令部

◆ 缩略语：DLATSCOM

释　义　　国防后勤局下属机构，主要负责提供食品、纺织品、建筑材料、工业硬件，以及包括药品在内的医疗用品和设备。

2.1.10 DLA Land and Maritime Command
国防后勤局陆上和海上司令部

◆ 缩略语：DLALMCOM

释　义　　国防后勤局下属机构，主要负责为陆上和海上武器系统、轻武器、电子设备等提供维修零部件。

2.1.11 DLA Aviation Command　国防后勤局航空司令部

◆ 缩略语：DLAACOM

释　义　　国防后勤局下属机构，主要负责为航空武器系统、飞行安全设备、地图和环境产品、工业设备等提供维修零部件。

2.1.12 DLA Energy Command　国防后勤局能源司令部

◆ 缩略语：DLAECOM

释　义　　国防后勤局下属机构，主要负责提供油料和润滑产品、替代燃料、可再生能源、航空航天能源、燃料质量与技术保障、燃料卡项目以及设施能源服务。

2.1.13 DLA Distribution Command　国防后勤局配送司令部

◆ 缩略语：DLADCOM

释　义　　国防后勤局下属机构，主要负责提供存储和分配的解决方案/管理、运输规划/管理、后勤规划以及应急行动保障，经营全球中心配送网络。

2.1.14 DLA Disposition Services Command
国防后勤局物资处理勤务司令部

◆ 缩略语：DLADISCOM

释　义　国防后勤局下属机构,主要负责通过再利用、转让和非军事化方式,处理过剩财产,进行环境处理和再利用。

2.1.15 Defense Contract Management Agency　国防合同管理局

◆ 缩略语：DCMA

释　义　国防部下属机构,由国防部负责采办与保障的副部长进行授权、领导与控制,主要负责向参联会提供作战保障,必要时可与军种部、其他国防部部局或其他政府部门签订保障与服务协议。

2.1.16 Administrative Contracting Officer　合同保障行政管理军官

◆ 缩略语：ACO

释　义　是指首要职责与合同管理有关的军官。

2.1.17 Contracting Officer　合同保障官

◆ 缩略语：CO

释　义　是指根据《联邦采办条例》要求,承担合同确定与裁决管理职能的军官、士兵或文职聘员。

2.1.18 Contracting Officer Representative　合同保障官代表

◆ 缩略语：COR

释　义　是指合同保障官书面任命的、负责监督合同绩效和任命书指定的其他职责的现役军人或国防部文职人员。

2.1.19 Head of Contracting Activity　合同保障机构主管

◆ 缩略语：HCA

释　义　是指对合同保障活动管理承担总体法律责任的军官。

2.1.20 Field Ordering Officer 野战订购官

◆ 缩略语：FOO

释 义 是指经合同保障官书面任命和培训,有权动用政府资金随行部队保障或指定民事行动支援任务的现役军人或国防部文职人员。

2.1.21 United States Transportation Command 美国军事运输司令部

◆ 缩略语：USTRANSCOM

释 义 国防部下属机构,负有在军事行动全过程为国防部提供战略空运、陆运、海运以及通用港口管理任务的联合司令部。

2.1.22 Military Department 军种部

◆ 缩略语：MILDEP

释 义 是指美国国防部所属主管各军种的部门,共有陆军部、海军部、空军部3个部。

2.1.23 Secretary of a Military Department 军种部部长

◆ 缩略语：SECMILDEP

释 义 是指空军部、陆军部或海军部部长。

2.1.24 Depot 修理基地

释 义 是指能够对军事装备进行各种不同级别修理的修理机构,主要任务包括:完成整装的大修、部组件大修、再制造以及其他军事勤务工作;政府安排的其他工作;作为公私合营的一方,进行制造和维修;制造市场上不能得到的零部件;组织基地野战修理组(Depot Field Team, DFT)提供野战支援保障。美军装备修理基地大都建于第二次世界大战前后,经多次基地调整与关闭(Base Realignment and Closure, BRAC),目前保留了17个修理基地。

二 装备维修保障体系术语

2.1.25 Joint Staff 联合参谋机构 联合参谋部

◆ 缩略语：JS

释义 ①联合参谋机构：联合司令部或特种司令部、下属联合司令部、联合特遣部队或下属职能性司令部（特指由来自一个以上军种部的部队组成的职能性司令部）司令官的参谋机构，包括组成该部队的各个军种的人员。这些人员的委派应能确保司令官了解该部队各组成部分的战术、技术、能力、需求和局限性等。参谋机构职位的分配应使各军种代表名额与影响力大体反映部队的军种组成情况。②联合参谋部（首字母大写，写作 Joint Stsff 时）：参谋长联席会议主席下属的参谋机构，根据《1947年国家安全法》而成立，1986年的《戈德华特－尼科尔斯国防部改组法》又加以修订。联合参谋部在参谋长联席会议主席的指挥控制下，协助参谋长联席会议主席及其他成员履行其职责。

2.1.26 Joint Staff Doctrine Sponsor 联合参谋部作战条令负责人

◆ 缩略语：JSDS

释义 是指联合作战条令或联合战术、技术和程序项目的负责人。每个联合作战条令或联合战术、技术和程序项目都任命有联合参谋部作战条令负责人。联合参谋部作战条令负责人根据需要和指令，协助授权主办机构和主要审核机关的工作。联合参谋部作战条令负责人要与联合参谋部协调文献草案，并将联合参谋部的评论和建议送交主要审核机关。联合参谋部作战条令负责人将从授权主办机构接收经过修订的文献草案并进行初步协调和最后协调（如果合适，试行出版）以获批准。

2.1.27 Logistics Directorate of a Joint Staff 联合参谋部后勤部

◆ 缩略语：J－4

释义 是美军后勤的最高指挥机构，通过陆军参谋部的后勤副参谋长、空军参谋部的基地与后勤副参谋长、海军作战部的舰队战备与后勤副部长和海军陆战队的基地与后勤副司令，对诸军种、各联合司令部和海外战区的后勤工作进行协调和指挥。负责领导国防部在联合后勤体系内的所有行动，并负责对全球后勤部队战备情况进行评估①。

联合参谋部后勤部下设:① 计划、演习与分析处。主要负责把后勤计划纳入联合演习和各军种演习之中,并且担任联合后勤演习的牵头单位,负责综合所有联合后勤分析工作。②后勤评估、战略与战备处。负责对后勤战备、需求和能力进行评估,目的是在当前和未来的整个联合后勤范畴内提出有关工作改进与技术进步的建议。关注的主要事项包括:计划、规划与预算系统,联合后勤条令,联合需求监督委员会,联合作战能力评估,联合月度战备审查和4年一度的防务审查。③后勤信息融合处。负责协调所有联合后勤自动化信息系统的政策、程序、执行计划和兼容性标准,以适应国防信息基础设施的共同操作环境。该处通过全球作战保障系统的功能需求办公室提供联合功能政策管理和监督,以确保全球作战保障跨各军种和各国防部门实现集成与综合。该处对若干项关键性的信息技术应用项目实施监督,其中包括:自动识别技术、卫星跟踪能力、通用通行卡、第二代运输协调员运输自动化信息系统、国防部全资产可视性战略工作组、全球作战保障系统,以及联合战区后勤先期概念技术演示。④工程处。负责验证和改进美军部队在工程方面的战备程度、相互适应性和保障能力,监督和协调各工程项目,确保建立灵活的基础设施,以加速美国本土部队和前方部队的部署、驻扎和持续保障。另外,该处负责制定联合工程条令和训练倡议,并在环境安全政策上提供协作,以确保联合作战与演习能得到相应的保障。⑤维持、动员与国际后勤处。主要关注国家级的持续保障问题,包括补给、维修、物资分配、燃料、弹药、殡葬事务、战备物资(含预置装备)、采办与业务流程、灵活保障等领域。并负责后备役征召工作,确保作战司令部的行动和应急计划与联合后勤条令、政策及国家军事战略相一致。在参与人道主义援助、联合国维和保障、在外国的战争物资储备、有关本土安全的部门间协作等问题上,向国防部提供咨询。⑥机动处。负责评估同国防部运力使用有关的运输政策,分析联合机动计划、规划和条令,对联合作战部队的快速投送、全球机动资产的维持等提供全面的机动保障,开展机动需求、机动能力研究。该处负责监督若干重要的战略机动项目的实施,如联合岸滩后勤作业、大型中速滚装船、高速海运船、C-17运输机的采购、C-5运输机的升级、集装箱和物资搬运设备、第一类后备役船队以及民用后备航空队。⑦联合后勤作业中心。位于国家军事指挥中心驻地,负责及时提供部队调动和其他与后勤相关的活动新情况,

---

① Joint Publication 4-0: Joint Logistics[Z]. Washington DC: U. S. Government Printing Office, 2019.

并致力于迅速解决兵力和装备流动中发生的问题。负责把预计的空运、水陆运力需求提前通知美国运输司令部和其他联合司令官,以迅速满足全球运输需求。联合后勤作业中心还管理日常后勤行动,以及在出现下列情况时做出迅速反应:国家进入紧急状态、国际紧张局势加剧、进行大规模演习、出现要求加强管理的特殊情况如人道主义援助和救灾行动等。⑧联合后勤行动中心。联合参谋部后勤部下属机构,由联合参谋部后勤部参谋组成,对保障当前作战行动的后勤实施情况进行监督和控制。⑨联合部署与配送行动中心。联合参谋部后勤部下属机构,负责制定和部署与配送计划;整合多国和跨机构部署与配送;协调补给、运输及相关配送活动(包括第九类物资:装备维修备件)。⑩联合后勤委员会、中心、办公室和小组。针对专项联合后勤勤务,由联合后勤相关领域专家组成,汇集所有的需求、资源和程序,为决策提供信息,为联合参谋部后勤部制定和实施后勤计划提供职能评估、分析和专业技能。

2.1.28 Joint Planning and Execution Community 联合计划与实施机构

◆ 缩略语:JPEC

释义 负责被派往某战区或目标区域的军事部队的训练、战备、运输、接收、投入使用、支援和持续作战等事宜的指挥部、司令部和机构等。它通常包括联合参谋部、各军种、军种大司令部(包括军种主要后勤司令部)、联合司令部(及其军种组成司令部)、下属联合司令部、运输组成司令部、联合特遣部队(根据用途而定)、国防后勤局及其他与某作战方案相关联的国防部直属局(如国防情报局)等。

2.1.29 Joint Planning Group 联合计划小组

◆ 缩略语:JPG

释义 联合部队的计划组织。由联合部队司令部的主要和专业参谋部门、联合部队组成司令部(军种和/或职能)及联合部队司令认为必要的其他支援性组织或机构派出的代表组成。联合计划小组的职责和权力由联合部队司令指定。联合计划小组通常由联合部队首席计划官领导,它的职责包括(但不限于)制定危机行动计划(包括制定行动方案并加以完善)、协调制定联合部队作战指令,以及为未来的作战行动(如过渡、终止、后续活动等)制定计划。

2.1.30　Joint Facilities Utilization Board　联合设施利用委员会

◆ 缩略语：JFUB

▶ 释　义　　负责评估和协调对各组成单位的不动产、使用现有设施、军种间支援和建筑物等需求,以确保与联合民用/军用工程委员会的优先次序清单保持一致。

2.1.31　Joint Materiel Priorities and Allocation Board　物资优先次序与分配联合委员会

◆ 缩略语：JMPAB

▶ 释　义　　是指在确定物资优先次序或分配资源方面代行参谋长联席会议主席职责的机构。

2.1.32　Installation Commander　设施指挥官

▶ 释　义　　是指负责某设施所有行动的人员。

2.1.33　Integrated Staff　综合参谋部门

▶ 释　义　　是指组建司令部时建立的一种参谋机构,在此种参谋部门内,每一职位仅任命一名军官而不论其国籍与军种。

2.1.34　Integrated Materiel Manager　装备综合管理主管

◆ 缩略语：IMM

▶ 释　义　　是指针对特定的产品或联邦供应物资,被赋予管理主责的人员。

2.2 陆军装备维修保障机构术语

2.2.1 Deportment of the Army 陆军部

◆ 缩略语：DA

释 义 是指国防部中陆军部队的主管部门,在陆军部长控制或监督下,管理陆军所有野战司令部、机构、预备役和后备役部队、基地、设施等。

2.2.2 Army Materiel Command 陆军装备司令部

◆ 缩略语：AMC

释 义 陆军各类装备的顶层管理部门,现驻亚拉巴马州的雷德斯通基地,也有文献翻译为"陆军器材司令部""陆军物资司令部"。装备司令部在全世界设置了285个工作点,覆盖了美国本土的40个州及24个国家,负责陆军部各种装备(枪械、火炮、坦克、装甲车、弹药、战术导弹、通信电子器材、轮式车辆、陆军飞机、化学战器材、工程装备等)的支援级维修,并为陆军配备装备、重置资产和维持运行,还向陆军部队提供后勤技术、采办保障和选择的其他后勤保障,以及向其他军兵种、多国和跨部门伙伴提供一般支援。陆军装备司令部下设7个二级司令部(Major Subordinate Command,MSC)。

2.2.3 Life Cycle Management Command 寿命周期管理司令部

◆ 缩略语：LCMC

释 义 美军陆军装备司令部下属二级司令部。与负责采办、后勤与技术的陆军部部长助理(Assistant Secretary of the Army for Acquisition,Logistics and Technology,ASA(ALT))、项目执行官(Program Executive Officer,PEO)及项目经理(Product Manager,PM)共同负责列装的武器系统和装备在其整个寿命周期内的保障事宜。对于正在列装和已经列装的武器装备的保障工作,寿命周期管理司令部与陆军支援司令部协调管理,下辖4个子司令部,分别是:航空与导弹寿命周期管理司令部、通信电子设备寿命周期管理司令部、坦克机动车辆与武器寿命周期管理司令部和联合弹药与致命武器寿命周期管理司令部。陆军装备司令部的能力具有多样性,通过寿命周期管理司令部负责管理和实施的国家级维修和供应项目来实现其多样化能力。

2.2.4 Aviation and Missile Life Cycle Management Command 航空与导弹寿命周期管理司令部

◆ 缩略语：AM – LCMC

释 义　美国陆军寿命周期管理司令部下属机构,主要负责执行陆军航空、导弹装备、子系统及其相关设备的应用研究、综合保障、装备战备管理,以及维修保障工作。

2.2.5 Communications – Electronics Life Cycle Management Command 通信电子设备寿命周期管理司令部

◆ 缩略语：CE – LCMC

释 义　美国陆军寿命周期管理司令部下属机构,主要负责维持指挥、控制、通信、计算机、情报、监视和侦察(Command, Control, Communications, Computers, Intelligence, Surveillance, and Reconnaissance, C^4ISR)信息系统的应用研究、综合保障、装备战备管理、维修保障,以及向正在部署和已经部署的陆军兵力提供维修保障能力。

2.2.6 Tank – Automotive and Armaments Life Cycle Management Command 坦克机动车辆与武器寿命周期管理司令部

◆ 缩略语：TA – LCMC

释 义　美国陆军寿命周期管理司令部下属机构,主要负责为美国和盟军武器系统提供坦克机动车、武器、部组件和物资等采办保障,以及对坦克机动车与武器寿命周期管理司令部装备的大修、现代化改进和修理。

2.2.7 Joint Munitions and Lethality Life Cycle Management Command 联合弹药与致命武器寿命周期管理司令部

◆ 缩略语：JM&L – LCMC

释 义　美国陆军寿命周期管理司令部下属机构,主要负责为美国各军兵种、其他政府部门,以及盟国提供传统的弹药后勤维持工作、战备、采办保障等寿命周期管理职能。该司令部负责向前线部队提供全球性技术支援,是弹药寿命周期管理的后勤保障综合部门。

2.2.8　Army Contracting Command　陆军合同司令部

◆ 缩略语：ACC

释义　美国陆军装备司令部所属二级司令部。与部署的维持部队密切合作，并通过其远征合同司令部（Expeditionary Contracting Command，ECC）来提供合同保障。在美国本土（Continental United States，CONUS），美国陆军合同司令部通过其任务与设施合同司令部（Mission and Installation Contracting Command，MICC）向军事设施/驻防部队行动提供保障。任务与设施合同司令部还向寿命周期管理司令部采办中心提供保障，用以支持陆军装备司令部各寿命周期司令部的子系统。

2.2.9　Surface Deployment and Distribution Command　军事水陆部署与配送司令部

◆ 缩略语：SDDC

释义　美国陆军的主要司令部、美国军事运输司令部的军种组成司令部。负责执行指定的美国大陆陆上运输，通用水上终端和交通管理勤务，以及全球部署、运用、持续保障和重新部署美国军队。

2.2.10　Theater Sustainment Command　战区保障司令部

◆ 缩略语：TSC

释义　是一个多功能性的保障机构，承担战役级保障职能，直接向战区陆军司令报告工作。其主要任务是规划、准备、快速部署（必要时），以及在指定的某一战区执行战役级维持工作，能够为陆军军兵种司令部或者联合部队司令部（JFC）规划、控制和同步全部的战役级支援保障。在战区能够提供集中的后勤指挥与控制，同时负责保障部署、机动、持续支援、重新部署和重置。

2.2.11　Expeditionary Sustainment Command　远征保障司令部

◆ 缩略语：ESC

释义　是战区保障司令部指挥与控制能力的一种延伸，主要职能是对战区保障司令部后勤部队提供前方指挥与控制,通常部署到作战区域(OA)/联合作战区域(Joint Operations Area,JOA),在使用维持旅或当战区保障司令部确定需要一个前方司令部时,提供指挥与控制。这一能力能为战区保障司令部司令官提供区域性集中管理,必要时向陆军或联合特遣部队(Joint Task Force,JTF)任务提供有效的战役级保障。战区保障司令部在战区可以使用多个远征保障司令部。

2.2.12 TSC – Distribution Management Center 战区保障司令部配送管理中心

◆ 缩略语:TSCDMC

释 义 战区保障司令部下属机构,通过军战区自动化数据处理服务中心(Corps Theater Automatic Service Center,CTASC)接收来自战区的申请。该中心负责确定来自战区中的申请项目是否可满足,并向维持旅签发装备发放指令以满足其需求。如果该项目不可满足,配送管理中心就会将该申请转到适当的国家库存控制点(National Inventory Control Point,NICP)。在多数情况下,军战区自动化数据处理服务中心按照战区保障司令部制定的参数设置(包括转交单),自动执行以上所述各项活动。这种集中控制、分散执行的做法使得战区保障反应敏捷,有效地减少了用户的等待时间。

2.2.13 Transportation Control Center 运输控制中心

◆ 缩略语:TCC

释 义 战区保障司令部下属机构,主要负责实施战役级运输控制,任务包括:提供与部队、物资和人员运送有关的运输管理服务和公路交通调节,在战区内关键运输节点部署运输控制营及营下属的运输控制分队,监控在战区内流动的运输资产。运输控制中心采用模块化编组,根据地域的大小、部队数量、运输基础设施状况、运输需求的数量及种类等,来确定运输控制营和分队的编组。

2.2.14 Materiel Management Center 物资管理中心

◆ 缩略语:MMC

释 义 战区保障司令部下属机构,是担任战区物资保障活动的控制机构,负责除医疗补给品和地图以外的所有补给品的一体化补给与维修工作。在补给业务方面,负责战区库存品的接收、储存和发放。当战区无库存时,负责向美国本土国家库存控制点申请补充,同时优先考虑在当地进行采购。在维修业务方面,其主要职责是评估地区保障大队、东道国以及合同维修机构的工作量和能力,建议维修的优先顺序并监控战区维修作业,提供维修管理数据并向保障司令部总部的保障业务部门报告,收集筛选分析补给维修数据需求,对地区保障大队和军保障司令部的物资管理中心进行物资后送提供指导。该中心组织机构采取模块化编组,最大限度缩小战区后勤保障规模。

2.2.15　Army Support Command　陆军支援司令部

◆ 缩略语:ASC

释　义　　是陆军装备司令部专门负责支援级维修服务的二级司令部。通过同步从战略级到战役级、再到战术级的采办、后勤和维修保障,来提供支援级的后勤保障。陆军支援司令部负责保障陆军、联合部队和联盟部队的全维作战任务,管理陆军装备的预置预储,提供所支持的维持旅不能提供的装备管理能力。陆军支援司令部,有多个靠前部署海外地域的陆军野战支援旅,该旅在区域上与陆军兵种司令部(Army Service Component Command,ASCC)一致,并着重在其保障部队和作战部队之间发挥桥梁作用。陆军野战支援营(Army Field Support Battalion,AFSBn)、军级后勤保障分队(Corps level Logistics Support Elements,LSE)、旅后勤保障队(Brigade Logistics Support Teams,BLST)和后勤保障分队(Logistics Support Teams,LST),总共超过125个单位的一个保障网共同完成这一任务。

2.2.16　Corps Support Command　军支援司令部

◆ 缩略语:COSCOM

释　义　　美军保障指挥机构,主要对营以上部队进行军级后勤支援、指挥与控制。

2.2.17　Regional Maintenance Center　地区维修中心(陆军)

释　义　　由美国陆军支援司令部管理的通信电子野战级、支援级维修机构,可以进行固定保障和前方支援保障。

2.2.18　Red River Army Depot　红河陆军装备修理基地

◆ 缩略语：RRAD

释　义　　位于得克萨斯州鲍伊县特克萨卡纳以西29km处，占地64.08km^2。该基地成立于1941年，目前的主要任务是维修和保养陆军所有战术轮式车辆，包括：防地雷伏击车（Mine Resistant Ambush Protected，MRAP）和高机动多用途轮式车辆（High Mobility Multipurpose Wheeled Vehicle，HMMWV）等。

2.2.19　Tobyhanna Army Depot　托比汉纳陆军装备修理基地

◆ 缩略语：TYAD

释　义　　位于宾夕法尼亚州托比汉纳附近的门罗县（Monroe County）库尔博镇区（Coolbaugh Township），建立于1953年2月1日，直属于通信电子寿命周期管理司令部，是陆军指挥、控制、计算机、通信、情报、监视及侦察系统的集成、升级和修理的基地，也是国防部联合C^{4}ISR系统维护、修理/大修和系统集成的唯一场所，主要任务是对卫星终端、无线电和雷达系统、电话机、电光设备、夜视和反侵入装置、空中侦察设备、航空仪器、电子战（Electronic Warfare）和战术导弹的制导与控制系统等电子系统进行设计、制造、修理和翻修。

2.2.20　Anniston Army Depot　安妮斯顿陆军装备修理基地

◆ 缩略语：ANAD

释　义　　位于亚拉巴马州的拜纳姆（Bynum），占地65km^2，隶属于坦克机动车与武器寿命周期管理司令部，主要承担履带式车辆、轻武器系统、化学武器等的修理、翻修和升级，主要包括"艾布拉姆斯"（Abrams）坦克、M88装甲救援车、M9装甲战斗推土机、"斯特瑞克"（Stryker）步兵战车、M113装甲运兵车、自行和拖曳榴弹炮、突击架桥车辆等。

2.2.21　Letterkenny Army Depot　莱特肯尼陆军装备修理基地

◆ 缩略语：LEAD

释　义　　建立于1942年，位于宾夕法尼亚州的富兰克林县（Franklin

County),占地 71km² ,隶属于美国陆军航空与导弹司令部,主要任务是战术导弹和弹药的维修、改造、储存以及非军事化作业,是陆军唯一具备战术导弹修理能力的基地。

2.2.22 Corpus Christi Army Depot 科珀斯克里斯蒂陆军装备修理基地

◆ 缩略语:CCAD

释 义 位于得克萨斯州比维尔,隶属于美国陆军航空与导弹司令部,任务是对陆军飞机和航空设备执行支援级维修,对世界范围分配的航空支援级维修军事人员进行培训,为海外运输准备飞机,包括直升机(AH-64、AH-1、CH-47、OH-58、UH-60 和 UH-1)、发动机、直升机的机身和叶片、先进复合材料技术、飞行控制设备和控制仪表设备、变速箱、液压系统等相关系统和子系统。

2.2.23 Rear Area 后方地域

◆ 缩略语:RA

释 义 对任何特定的部队而言,指从其后方分界线起,向前延伸到下一级部队责任区域后方分界线之间的地域。该地域主要用于履行战斗勤务保障职能。

2.2.24 Rear Area Security 后方地域安全防护

◆ 缩略语:RAS

释 义 是指为消除敌军机降攻击、破坏、渗透、游击或发起心理战、宣传战的影响而采取的措施。

2.2.25 Communications Zone 后勤地幅/地域/地带

◆ 缩略语:COMMZ

释 义 是指战区的后方部分(在作战地幅后面但又与之毗连),该地幅有交通线、补给与后送设施,以及对野战部队进行直接支援与维修所需要的其他机构。

2.2.26 Army Service Area 集团军勤务地域

◆ 缩略语：ASA

释义　　是指军后方分界线与(集团军)作战地幅后方分界线之间的区域。集团军的大多数行政机构和勤务部队通常配置在此地域内,美军的集团军通常由若干个军级单位组成。

2.2.27 Advanced Base 前进基地

◆ 缩略语：AB

释义　　是指位于战区内或其附近的基地,其主要任务是支援军事行动。

2.2.28 Aviation Classification and Repair Activity Depot 航空兵分类与修理基地

◆ 缩略语：AVCRAD

释义　　是指陆军国民警卫队承担航空兵支援级维修职能及授权的基地级维修职能的机构。

2.2.29 Army Aviation Flight Activity 陆军航空飞行机构

◆ 缩略语：AAFA

释义　　是指承担陆军航空装备分队级维修职能的陆军国民警卫队编制表所列机构[①]。

2.2.30 Army Aviation Operating Facility 陆军航空作业机构

◆ 缩略语：AAOF

释义　　是指承担航空装备分队级维修职能的陆军国民警卫队编制表所列机构。

---

① 原文为"分配与补助表"。

2.2.31　Army Aviation Support Facility　陆军航空兵保障设施

◆ 缩略语：AASF

释　义　是指承担航空装备支援级维修职能（原中继级）的陆军国民警卫队编制表所列机构。

2.2.32　Aviation Support Facility　航空兵保障机构

◆ 缩略语：ASF

释　义　是指隶属于美国陆军后备役司令部，对美国陆军后备役航空兵装备实施集中控制，并确保其正确使用与运行的机构。在训练集结期间，提供超出部队自主保障能力的航空兵训练与后勤保障。

2.2.33　Advanced Logistics Support Site　前进后勤支援站(点)

◆ 缩略语：ALSS

释　义　设在海外、战区内用于后勤支援的主要转运点，具有存储、合并和转运补给品以及在重大突发事件和战时支援前沿部署单位的全面能力。通常靠近港口和机场设施，位于战区内，但不靠近作战区域，拥有接纳战区间来往空运和海运活动所需要的吞吐能力。根据隶属关系、力量规模、能力大小以及配置位置等，可译为前置、前进、靠前、前方后勤支援站(点)。

2.2.34　Army Field Support Brigade　野战支援旅

◆ 缩略语：AFSB

释　义　隶属于陆军支援司令部，具备全面的采办、寿命周期保障和合同管理职能，为所有军事行动的战役级和战术级指挥官提供保障。陆军野战支援旅可以在多种场合下完成工作，其中包括敌对环境和类似于人道主义援助和灾难救济任务的应急行动。目前，美军编有7个野战支援旅，其中2个旅部署在西南亚，保障伊拉克等地部队；2个旅部署在德国和韩国，保障海外驻军；3个旅驻扎在美国本土。

2.2.35　Army Field Support Battalion　陆军野战支援营

◆ 缩略语：AFSBn

释　义　　隶属于陆军野战支援旅,是由来自联合弹药与致命武器寿命周期管理司令部、航空与导弹寿命周期管理司令部、通信电子设备寿命周期管理司令部、坦克机动车与武器寿命周期管理司令部的负责维修保障的人员组成的模块化分队,根据需要编配。

陆军野战支援营主要负责提供支援保障,以维持陆军职责范围内各个部队的战备完好水平。该营通过优先排序、综合集成、同步协调在保障陆军模块化部队中陆军的采办、后勤和技术的能力,来保障陆军现役部队、陆军预备级部队和陆军国民警卫队。

陆军野战支援营,也负责驻地的野战级维修和支援级维修,受命部署前方时,留在常驻地的陆军野战支援营要负责执行与陆军兵力生成计划相关的任务,如基地以下支援级维修管理和后留装备的管理。当陆军野战支援营部署到前方时,陆军野战支援营通常转隶驻地的陆军野战支援旅指挥。

2.2.36　Contract Support Brigade　合同保障旅

◆ 缩略语：CSB

释　义　　是美国陆军装备司令部固定编制单位,主要任务包括：在远征合同保障司令部的指挥控制之下,向战区或任务部队提供直接支援；部署后,根据其合同保障支援计划向战区保障司令部提供直接支援；负责进行战区合同保障计划的制定,为陆军军种部队司令部、陆军部队及其下属司令部提供支援。美国陆军现编有6个合同保障旅,在作战运用中通常配属给战区陆军军种司令部,按地区进行部署,陆军合同保障旅的下辖应急合同保障营(Contingency Contracting Battalion,CCBN)、高级应急合同保障小组(Senior Contingency Contracting Team,SCCT)和应急合同保障小组(Contingency Contracting Team,CCT)。需部署合同保障旅时,根据任务、敌情、地形等情况确定下辖各单位的数量。

2.2.37　Sustainment Brigade　维持旅

◆ 缩略语：SB

释　义　　直属某一战区的维持保障部队,负责实施战区内维修、供应、分发与仓库维护等具体的支援级保障任务。目前，美军约有 30 个维持旅，其中，13 个在现役部队，9 个在国民警卫队，8 个在预备役部队。战区维持旅按照战区保障司令部规划、计划、政策和指令管理供应保障活动（Supply Support Activities，SSA），主要任务是：战区启动（Theater Opening，TO）、战区分配（Theater Distribution，TD）和支援保障，各任务相互关联，并贯穿作战全过程，具体包括对战区内资源重新分配，利用库存记录和资产可视来进行近实时状态监控，提供反应快捷、灵敏的保障以满足战区保障司令部及部队作战需求；库存状态分析与任务要求分析，能够使维持旅有效管理其工作量，并对其由于竞争需求或优先级所产生的可能的积压和瓶颈进行有效控制。支援旅下属的职能单位包括旅部营和战斗支援保障营。也有文献翻译为支援旅、保障旅、持续保障旅等。

2.2.38 Brigade Support Battalions 旅保障营

◆ 缩略语：BSB

释义 是旅战斗队的建制保障力量。负责旅战斗队所有保障行动的集中指挥，具体承担计划、协调、同步执行后勤保障作业，以支持旅战斗队和多功能支援旅等执行作战任务，通常情况下旅保障营主要包括 1 个营部与营部连、1 个分配连、1 个野战维修连、1 个医疗连和 6 个前方保障连，人员编制从 770 人（斯特瑞克旅）、877 人（步兵旅）、1352 人（装甲步兵旅）不等，其他多功能支援旅所属保障营编制更加多样。旅保障营在维修方面有两项核心任务：一是保证旅战斗队在进入战区之前，其所属装备达到陆军维修标准水平；二是在战场环境下，负责外场可更换单元、部件和重要组件等的更换。

2.2.39 Special Troops Battalion 专业部队营

◆ 缩略语：STB

释义 维持旅所辖的建制部队。负责对旅隶属和配属的人员和部队进行指挥控制。该营是模块化编制，包括来自陆军不同部门的单元，这些单元可来自旅、师（或同等层级）、军以上美国军队组织，通常编有营部和营部连（HHC）[1]。营部连负责统一管理营部队牧师小组（UMT）、审判辩护小组

---

[1] 维基百科. Special Troops Battalion. https://en.wikipedia.org/wiki/Special_Troops_Battalion。

(TDT)、野战给养股(FIELD FEED)、维修股(MAINT)和医疗小组(TRTMT)各参谋科室①。

2.2.40　Combat Sustainment Support Battalion　战斗支援保障营

◆ 缩略语：CSSB

释　义　　维持旅所辖保障力量。采用模块化编组,最多可编8个连,主要为支援维修连、收集与分类连、部件修理连等。根据所编入连的数量和功能不同,战斗支援保障营可区分为单一功能营和多功能营,主要任务包括：指挥控制建制和配属部队；监督训练和战备；对受支援部队提供技术顾问、装备回收和动员协助,具体包括运输、维修、弹药、供应、丧葬事宜、空投、野战勤务、水、油料、财务管理和人力资源保障。在作战中,战斗支援保障营受维持旅指挥官的指挥控制,根据任务进行特遣编组,满足在作战的各个阶段向作战部队提供支援的要求。

2.2.41　Support Maintenance Company　支援维修连

◆ 缩略语：SMC

释　义　　隶属于维持旅的战斗支援保障营。该连是一个模块化组织,可以为部队提供多种野战维修保障,包括：维修控制、焊接、机工、抢救和巡回维修组(Contact Maintenance Team,CMT)。具有修理武器、火控系统、电源、公用工程、设施、军需装备、化学设备、无线电设备/通信安全保密设备、雷达、计算机和探测设备的能力,以及夜视镜和其他专用电子装置等低密度的野战级修理。

2.2.42　Collection and Classification Company　收集与分类连

◆ 缩略语：C&C

释　义　　隶属于维持旅的战斗支援保障营。任务就是为了建设和使用收集与分类设施。该连负责对可用的和不可用的第七类和第九类装备和类似国外装备(不包括导弹装备、飞机、空投设备、无人驾驶飞机和医疗设备),进行接收、检查、区分、拆卸、储存和处理。

---

① Lopez C T. *Brigade combat teams cut at 10 posts will help other BCTs grow.* Retrieved December 2, 2016。

二 装备维修保障体系术语

2.2.43 Component Repair Company 部件修理连

◆ 缩略语：CRC

释 义 隶属于维持旅的战斗支援保障营。采取模块化编组,可以利用陆军部文职或合同商加强,主要任务是负责电子、武器、自动设备、地面保障设备的部件、模块或组件的支援级维修(离开系统的修理并返回供应系统)修理工作,按照国家维修纲要(NMP)指定工作量,部件修理连对部件实施修理,使之恢复到国家标准。

2.2.44 Field Maintenance Company 野战维修连

◆ 缩略语：FMC

释 义 隶属于旅战斗队、战斗航空旅、多功能支援旅等所属保障营。任务是向那些不受前方保障连保障的旅所属单位提供野战级维修支援保障,并负责整个旅装备的野战维修保障。负责为旅直属队(司令部、旅保障营、旅属作战营)提供汽车、武器、地面保障、电子维修、抢救以及维修管理,并对旅提供维修报告与保障。

野战维修连由连部、维修控制排、维修排等组成。连长负责对维修连所有人员的调度,具体职责包括:执行旅保障营的维修计划;负责组织维修工作,管理全部维修资源,包括作战维修队的任务装备和回收装备;管理维修备件、车间库存和工作台库存;管理装备拆卸场地的维修工作,与分配连连长、旅保障营保障行动军官共同管理拆卸拼装场地;配合旅保障营保障行动军官工作,与之进行协调、商讨适合的最佳维修方式;保持旅的战斗力和前方保障连的维修能力。副连长和军士长协助连长工作。

2.2.45 Forward Support Company 前方保障连

◆ 缩略语：FSC

释 义 隶属于旅战斗队、战斗航空旅、多功能支援旅等所属保障营。主要负责向其各战斗营提供野战食物、燃料、弹药、野战级维修和分配保障。通常在旅保障营的指挥下,依据任务、敌情、地形和气候、部队和可获得的保障、可用时间以及民事事宜(METT-TC)等情况,一个前方保障连负责一个营的保障。前方保障连指挥官,按照所保障营指挥官的指示来执行保障计划。旅保障营对每一个前方保障连进行技术监管。前方保障连下辖供应运输排和维修排等,其中,供应运输排,负责保障各类物资;维修排,负责向旅战斗队提供基层级和直接支援级维修整合后的野战级维修保障。维修排里设立的维修控制班,负责派遣、规划维修、各维修部门工作量,以及利用部队级后勤保障系统——地面兵种(ULS/S-G)和标准陆军维修系统-Ⅰ(SAMS-Ⅰ),负责维持自动化维修管理系统(Automatic Maintenance Management System,AMMS)的自动记录。

2.2.46　Maintenance Control Section　维修控制组

◆　缩略语:MCS

释　义　　是美军野战维修连的重要组成部分,是旅战斗队(Brigade Combat Team,BCT)维修管理中的关键环节①。主要履行维修控制职能,通常包括维修控制军官、资深的维修准尉、维修控制军士和自动化后勤专家(具体数量随单位种类变化)②。

2.2.47　Maintenance Support Team　维修保障组

◆　缩略语:MST

释　义　　是指由维修机构、组织或部队资源组成的小组,对指定部队或执行特定任务的行动提供维修保障。

2.2.48　Maintenance Technician　维修技师

◆　缩略语:MT

释　义　　是指编入维修机构的具有一定技术水平的专业维修技术人员。

2.2.49　Field Maintenance Point　野战维修点

◆　缩略语:FMP

释　义　　以前方保障连为主编配的维修力量配置,位于战场的战斗后

---

①　FM 4-30.3,Maintenance Operations and Procedures[Z]. Washington,DC:U. S. Government Publishing Offic,2000;Communication is the Critical Link for Maintenance Control Section;TC 43-4,Commander's and Shop Officer's Guide for Support Maintenance Management。

②　McCoy E A. Maintenance Management in the Heavy BCT[J]. Army Logisitician,2006,38(5):17-21。

勤地域①。通常根据任务、敌情、地形和气候、部队和可获得的保障、可用时间以及民事事宜等各种因素,设置在易于与野战修理组进行有效无线电通信的地域中。

---

① ATTP 4-33(FM 4-30.3). Maintenance Operations [Z]. Washington, DC: U. S. Governement Publishing Office,2011。

2.3 海军装备维修机构术语

2.3.1 Department of the Navy 海军部

◆ 缩略语：DON

释 义　是指美国国防部中海军部队、海军陆战队和海岸警卫队的主管部门,在海军部长控制或监督下,管理海军、海军陆战队所有野战司令部、机构、现役和后备役部队、基地、设施等。

2.3.2 Naval Supply Systems Command 海军供应系统司令部

◆ 缩略语：NAVSUP 或 NAVSUPSYSCOM

释 义　美国海军部下属负责装备器材保障管理的一级司令部,也是海军装备器材供应系统的高层管理机构,具体职责是为海军和海军陆战队制定补给管理政策和方法,通过海军补给系统为美国本土及驻外的美国海军部队提供充足的补给品,为陆军、空军、国防部代理机构提供专项物资供应。

2.3.3 Naval Sea Systems Command 海军海上系统司令部

◆ 缩略语：NAVSEA 或 NAVSEASYSCOM

释 义　美国海军部下属负责舰船装备的一级司令部,负责海军和海军陆战队的舰艇和舰载武器系统的研制、试验、鉴定、采购和维修,以及武器弹药的储存与管理,设有计划执行办公室、海军作战中心、海军船厂和区域维修中心、海军船厂舰船建造维修保养总监处等。该机构是美国海军设计/建造/采购/维修舰船、潜艇和作战系统的管理机构,管理着超过150个采办项目,以及对外军售,为伙伴国舰船和系统进行建造和现代化改造,是负责建立和执行舰船/作战系统设计运行的技术权威。该司令部负责的预算为300亿美元,占海军每年开支的1/4[1],由大约70000名文职人员和军事人员组成,部队现役人员只占5%,分布在美国和亚洲的38个地区[2]。

---

[1] Naval Sea Systems Command. Command Directory [Z/OL]. www.navsea.navy.mil。
[2] 同[1]。

2.3.4　Naval Air Systems Command　海军航空系统司令部

◆ 缩略语：NAVAIR 或 NAVAIRSYSCOM

释　义　　美国海军部下属负责航空装备的一级司令部,负责海军和陆战队飞机系统的研制、试验、鉴定、采购和后勤保障等任务。为海军舰员和海军陆战队员使用的海军航空飞机、武器和系统提供包括研究、设计、开发与系统工程、采集、测试与评估、培训设施与设备、修理与改装以及体制内工程等在内的全寿命周期保障。

海军航空系统司令部作为航空维修的技术管理者,主要职责包括:为每一级装备维修保障活动提供流程、技术指令和管理评审的指导;为清晰界定维修和测试过程提供足够深度和广度的技术手册;执行和维持海军航空兵维修大纲的度量和校准项目;协助海军作战部长等人制订军官和航空维修人员的培训计划,包括为起草海军训练系统计划与决策、航空系统的人力资源需求提供技术和逻辑支持;提供航空维修器材供应清单,以及海上和陆地军事活动所需的航空设施清单,以及海上和陆地军事活动所需的航空设施清单;开发并维护管理信息系统(Management Information Systems,MIS),为海军航空兵维修大纲提供维修和后勤保障;为航空装备的全寿命周期管理提供计划、设计、发展、执行和保障提供信息决策支持;为海军航空兵资源分析、维修工程技术、后勤工程以及后勤保障项目的执行提供相关的技术支持;为所有的航空维修培训师、武器系统培训项目和支援级维修培训课程提供支持;海军航空系统司令部为每一型飞机任命一名基线经理,管理飞机的型号、模型和其他系统;为机队的训练和战备完好性工作提供必要的维修和器材保障。

海军航空系统司令部授权海军航空维修大纲工作委员会负责《海军航空维修大纲》的制定、修订。海军航空维修大纲工作委员会有投票权的成员包括:海军陆战队司令部(HQMC)、美国舰队司令、海军航空系统司令部、海军供应系统司令部,海军作战部长办公室(OPNAV)、舰队战备完好性中心指挥官(Commander,Fleet Readiness Centers,COMFRC)、海军航空兵预备役司令(Commander Naval Air Forces,Reserve,CNAFR)、海军航空兵训练部长(Chief Naval Air Training,CNATRA)等。对《海军航空维修大纲》修订与否,由上述成员单位共同决定。

2.3.5 Space and Naval Warfare Systems Command 航天与作战系统司令部

◆ 缩略语：SPAWAR

释义 美国海军部下属负责电子信息装备的一级司令部，航天与作战系统司令部负责海军岸基、机载、舰载和空间电子设备的研制、试验、鉴定、采购和维修。

2.3.6 Military Sealift Command 军事海运司令部

◆ 缩略语：MSCOM

释义 军事海运司令部接受海军部、海军作战部、参联会和海军舰队4个方面的领导，是美国运输司令部的组成部分，总部设在华盛顿，有5个地区分部，即弗吉尼亚州诺福克的大西洋分部、加利福尼亚州圣迭戈的太平洋分部、意大利那不勒斯的欧洲分部、巴林麦纳麦的中央分部和日本横滨的远东分部。

军事海运司令部按其所执行的任务性质编有4种部队，即海军舰队辅助船部队、海运船部队、海上预置船部队、特种任务支援部队。主要任务是实施战略海运、直接舰队保障和特种任务保障。

战略海运通常包括部队装备、弹药、油料和其他补给品的运输，军用物资的海上预置以及舰载物资向岸上转运。

直接舰队保障是指向美国海军的战斗舰艇提供油料、弹药、食品、零配件、拖拽勤务和海洋监测勤务。

特种任务保障包括海运勘察、海运研究、海底电缆铺设和修理等勤务。

2.3.7 Naval Transportation Support Center 海军运输保障中心

◆ 缩略语：NTSC 或 NAVTRANSSUPCEN

释义 为美国海军海上和岸上行动提供全球范围内的运输和物资配送服务，并管理海军军种范围内的运输账户。

2.3.8 Naval Shipyard 海军船厂

◆ 缩略语：NS

释义 是美国海军舰船维修的主要战略保障力量，隶属于海上系统司令部,主要分布于美国沿海和驻外海军基地①。

2.3.9　Norfolk　诺福克海军船厂

◆　缩略语：NNS

释　义　　位于弗吉尼亚州朴茨茅斯,主要负责船舶、系统和部件的维修、现代化、报废处置和紧急修理等,具体包括:核动力航空母舰("尼米兹"级、"福特"级)、潜艇("洛杉矶"级、"俄亥俄"级、"弗吉尼亚"级和"哥伦比亚"级)以及导弹巡洋舰(CG)、多用途两栖攻击舰(LHD)、两栖船坞运输舰(LPD)、两栖指挥舰(LCC)、护卫舰(FFG)和潜艇供应舰(AS Tender)等舰艇。

2.3.10　Pearl Harbor　珍珠港海军船厂

◆　缩略语：PHNS

释　义　　位于夏威夷火奴鲁鲁,主要负责船舶、系统和部件的维修、现代化、报废处置和紧急修理等,具体包括:"洛杉矶"级和"弗吉尼亚"级核潜艇,导弹巡洋舰、驱逐舰(DDG)、两栖船坞运输舰、护卫舰、潜艇供应舰等水面舰艇。

2.3.11　Portsmouth　朴茨茅斯海军船厂

◆　缩略语：PNS

释　义　　位于缅因州基特里,主要负责船舶、系统和部件的维修、现代化、报废处置和紧急修理等,具体为"洛杉矶"级和"弗吉尼亚"级等核潜艇。

2.3.12　Puget Sound　皮吉特海军船厂

◆　缩略语：PSNS

释　义　　位于华盛顿州布雷默顿,主要负责船舶、系统和部件的维修、现代化、报废处置和紧急修理等,具体包括:"尼米兹"级和"福特"级核动力航母,"洛杉矶"级、"海狼"级、"俄亥俄"级和"哥伦比亚"级潜艇,以及"阿利·伯

---

① 兰德公司.未来美国海军舰船维修能力战略评估[R].兰德公司,2017.

克"级驱逐舰等。是美国海军在西海岸最大的综合性基地,也是华盛顿州仅次于波音公司的第二大工业设施,美国海军所有退役的核反应堆都要在这里进行安全处置。

2.3.13 Naval Regional Maintenance Center 海军区域维修中心

◆ 缩略语:NRMC

释 义 隶属于美国海军海上系统司令部,主要负责监督海军各区域维修中心的水面舰艇维修与现代化改装工作,同时领导各区域维修中心制定、实施维修与现代化改造的标准化程序,制定通用维修政策,是水面舰艇维修军民融合力量的主要领导机构。

2.3.14 Logistics Readiness Center 后勤战备中心

◆ 缩略语:LRC

释 义 保障作战指挥官进行后勤保障指挥与控制的后勤参谋机构。主要负责管理通用和跨军种后勤,监控并报告后勤行动与能力,为作战指挥官提供后勤事务方面的建议,以及向外部后勤机构传达命令。

2.3.15 Regional Readiness Center 区域战备中心

◆ 缩略语:RRC

释 义 目前,美军拥有东部、西南、东南3个现役舰队战备中心,负责提供海军航空装备修理、工业、工程和技术保障服务,以及对舰船维修和现代化改造合同进行采购和管理、舰船系统和部件维护修理训练等。

2.3.16 Fleet Readiness Center East 东部舰队战备中心

◆ 缩略语:FRC East

释 义 东部舰队战备中心位于北卡罗来纳州的樱桃角。主要任务是维护和修理海基和海上飞机及相关航空系统,主要包括:AH-1、CH-53E、MH-53E、UH-1Y直升机,AV-8B、EA-6B飞机,F/A-18A、C、D和F-35战斗机,MV-22"鱼鹰"倾转旋翼飞机以及各种发动机和部件。

二 装备维修保障体系术语

2.3.17 Fleet Readiness Center SW 西南舰队战备中心

◆ 缩略语：FRC SW

▎释 义▎ 西南舰队战备中心位于加利福尼亚州北岛，主要任务是维护和修理海基和海上飞机以及相关航空系统和设备，具体包括：AH-1、CH-53E、HH-60、MH-60 和 UH-1Y 直升机，C-2A、E-2C、E-2D 和 EA-18G 飞机，F/A-18A-F、F-35 战斗机，MV-22"鱼鹰"倾转旋翼飞机，MQ-4C 无人机以及各种发动机和部件。

2.3.18 Fleet Readiness Center SE 东南舰队战备中心

◆ 缩略语：FRC SE

▎释 义▎ 东南舰队战备中心位于佛罗里达州杰克逊维尔，主要任务是维护和修理海基和海上飞机以及相关航空系统和设备，具体包括：MH-60R/S 直升机，C-2A、E-2C/D、EA-6B、P-3 飞机，F/A-18A-F 战斗机，T-6、T-34、T-44 教练机，MQ-4C 无人机和各种部件等。

2.3.19 Fleet and Industrial Supply Center 舰队与工业供应中心

◆ 缩略语：FISC

▎释 义▎ 隶属于海军供应系统司令部，为舰队、岸基机构和海外基地进行供应保障的指挥机构。

2.3.20 Joint Logistics Over-the-Shore Commander 联合岸滩后勤指挥官

◆ 缩略语：JLOSC

▎释 义▎ 联合岸滩后勤指挥官由联合部队司令选派，通常来自联合部队司令所辖部队中的陆军或海军组成部队。联合岸滩后勤指挥官利用战区内的人员和装备建立一个联合司令部，统一组织所有参与单位的联合岸滩后勤行动。

2.3.21 Logistics Coordinator 后勤协调官

◆ 缩略语：LC

释义 是指舰队、作战部队或作战大队指定的,负责协调各自部队内部所有后勤事务的人员。

2.3.22 Fleet Logistics Coordinator 舰队后勤协调官

◆ 缩略语：FLC

释义 是指由舰队指挥官指定的,负责协调舰队内部所有后勤事务的人员。

2.3.23 Task Force Logistics Coordinator 特遣部队后勤协调官

◆ 缩略语：TFLC

释义 是指由特遣部队指挥官指定的,负责协调特遣部队内部所有后勤事务的人员。

2.3.24 Underway Replenishment Coordinator 航行补给协调官

◆ 缩略语：URC

释义 是指主责舰上物资转运的人员。负责监控战斗群内或战斗后勤部队停靠或在运船只上的大宗物品等级,为战斗部队后勤协调官或战斗大队后勤协调官提供建议和海上补给安排计划,分配库存的紧缺物资,协调前进保障站点物资装卸和优先顺序。

2.3.25 Fleet Materiel Support Office 舰队物资保障办公室

◆ 缩略语：FMSO

释义 位于宾夕法尼亚州梅卡尼克斯堡,负责维护需求数据和装载目录的更改,履行库存控制站职能,并设计岸基库存控制系统。

2.3.26 Private Shipyard 私营船厂

◆ 缩略语：PS

释 义 是指承担美国海军装备维修保障任务的私营企业。目前,美国拥有324个船厂具备从事舰船修理或造船的能力[1],雇用了超过110000名工作人员。能够完成《舰船修理总协议》规定工作范围所需的管理能力、生产能力、机构和设施[2]。目前,在全美范围内能够保障海军的私营船厂有15个,其中,通用动力公司4个,分别位于华盛顿州布雷默顿、加利福尼亚州圣迭戈、弗吉尼亚州诺福克和佛罗里达州杰克逊维尔;BAE系统公司4个,分别位于夏威夷州火奴鲁鲁、加利福尼亚州圣迭戈、佛罗里达州杰克逊维尔和弗吉尼亚州纽波特纽斯;太平洋舰船修理和制造公司2个,分别位于华盛顿州布雷默顿和加利福尼亚州圣迭戈;在太平洋西北部地区,维戈尔工业公司在西雅图设有1个船厂,亨廷顿·英格尔斯工业公司在圣迭戈设有1个船厂。

2.3.27 Master Ship Repair Agreement 《舰船修理总协议》

◆ 缩略语：MSRA

释 义 美国海军舰船大修准入标准,授予"具备可以保证圆满完成对海军舰船的修理工作的技术和设施特征的供应商"[3]。

2.3.28 Agreement for Boat Repair 《舰船维修协议》

◆ 缩略语：ABR

释 义 美国海军舰船大修准入标准,授予"具有规划和控制舰船/舰艇修理工作管理能力的供应商"。

---

[1] 海事管理局. 美国造船和修船业的经济重要性[R]. 华盛顿:海事管理局. 2005.
[2] CNRMC 4280.1,海军区域维修中心司令指令[Z]. 弗吉尼亚州诺福克:海军部,2015:4。
[3] 海军区域维修中心司令(Commander, Navy Regional Maintenance Center, CNRMC),《舰船修理与改装总协议》;《舰船维修协议》和《舰船修理总协议》;CNRMC 4280.1,海军区域维修中心司令指令[Z]. 弗吉尼亚州诺福克,海军部,2015:3。

2.3.29　On – Board Repair Shop　舰上维修车间

◆ 释义　舰员级维修机构,主要负责舰船设备的日常保养性质的修复性和预防性维修工作。具体职责是:负责系统操作性试验与诊断及组件的预防性维修、修复性维修,协助更高级别修理机构工作,对其他机构完成的维修工作进行质量检查,记录推迟和已经完成的维修活动。

2.3.30　Afloat Pre – Positioning Force　海上预置部队

◆ 缩略语:APF

◆ 释义　是指保持完全战备状态、用于在海上预置军事装备和补给品的舰船。美军海上预置部队包括4个海上预置船中队,包括海军3个、陆军1个,主要装备为海上预置船、后勤预置船以及战斗预置船等。

2.3.31　Naval Expeditionary Logistics Support Force　海军远征后勤保障部队

◆ 缩略语:NELSF

◆ 释义　海军后备役司令部组织配备的部队,对平时保障、危机反应、人道主义和战斗勤务保障任务提供至关重要的、广泛的供应与运输保障。

2.3.32　Service Troops　勤务部队

◆ 缩略语:ST

◆ 释义　是指为空中与地面作战部队提供必需的补给、维修、运输、撤运、医疗及其他服务,以保证作战部队有效地完成任务的部队。

2.3.33　Service Group　勤务大队

◆ 缩略语:SG

◆ 释义　海军主要的行政与(或)战术单位,由指挥官及参谋人员组成,在为舰队作战提供后勤支援方面对所属中队及小队进行作战与行政控制。

2.3.34 Naval Cargo Handling and Port Group 海军货物装卸与港口大队

◆ 缩略语：NCHPG

释 义　海军现役的可快速部署的货物装卸部队,负责装卸军事海运司令部管辖、租用的船只上的所有种类(散装油料除外)货物,以及空中机动司令部管辖飞机上的所有种类(散装油料除外)货物,并运营有限的远洋终端和远征航空终端的海军后备役部队。

2.3.35 Naval Cargo Handling Battalions 海军货物装卸营

◆ 缩略语：NCHB

释 义　负责装卸军事海运司令部管辖、租用的船只和空中机动司令部管辖飞机上的所有种类(散装油料除外)货物,并运营有限的远洋终端和远征航空终端的海军后备役分队。

2.3.36 Service Squadron 勤务中队

◆ 缩略语：SS

释 义　海军勤务部队或勤务大队下属的行政或战术单位,由指挥官及参谋人员组成,在为指定的舰队单位提供后勤支援方面对所属小队实施作战与行政控制。

2.3.37 Naval Air Cargo Company 海军航空货运连

◆ 缩略语：NACC

释 义　负责在远征环境下建立和运行海外航空货运终端的分队。

2.3.38 Naval Advanced Logistics Support Site 海军前进后勤支援站(点)

◆ 缩略语：NALSS

释 义　是指设在海外、在战区内用于后勤支援的主要转运点。海军前进后勤支援站(点)具有存储、合并和转运补给品以及在重大突发事件和战时支援前沿部署单位(包括轮换单位)的全面能力。在其附近一般均有港口和机场设施,它位于军事战区内。但不靠近主要作战区域,且必须拥有接纳战区间来往空运和海运活动所需要的吞吐能力。在全面启用时,海军前进后勤支援站应包括东道国提供的设施和勤务,并得到战区内支援人员的增援,或两者兼有。

2.3.39 Naval Forward Logistics Site 海军前方后勤站(点)

◆ 缩略语:NFLS

释义 是指设在海外、附近有港口和机场设施的站(点)。其任务是在重大突发事件和战时为本战区内的海军部队提供后勤支援。海军前方后勤站(点)可设在紧靠主要作战区域的地方,以利于勤务部队的前沿集结、最优先物资的前运、前方维护和战斗损伤装备修理。海军前方后勤站通过战区内部的空运和海运与战区内海军前进后勤支援站(点)相连接,但也可作为战区间向直接作战区域运送最优先物资的转运点。在为舰队提供后勤支援方面,海军前方后勤站(点)的能力变化很大,从非常简单的勤务到接近于海军前进后勤支援站的能力。

2.3.40 General Services Administration 总务管理局

◆ 缩略语:GSA

释义 负责对9Q认证物资①或美国政府的军事和民事机构使用的通用非军事物资进行编目和库存控制。

2.3.41 Combat Service Support Area 战斗勤务保障区

◆ 缩略语:CSSA

释义 是指在岸上组织起来的一片区域,用以存放必需的补给、装备、设施和零件,以便在作战行动期间为登陆部队提供战斗勤务保障。

2.3.42 Force Combat Service Support Area 部队战斗勤务保障地域

◆ 缩略语:FCSSA

释义 是指为保障陆战队空地特遣部队的岸上作战,在海滩、港口

---

① 9Q认证物资包括一般性办公用品、手工工具和清洁用品。

和机场附近建立的基本战斗勤务保障基地。

2.3.43　Beach Support Area　滩头支援区

◆ 缩略语：BSA

释　义　是指两栖作战中,在登陆部队或其分队后方建立的保障区域,是两栖作战期间在岸上建立的第一批战斗勤务保障基地之一,由岸滩后勤部队建立和运作,用以卸载部队和物资、支援岸上部队,以及后送伤员、敌方战俘及缴获物资等。也可译为"滩头保障区"。

2.3.44　Port of Embarkation　装载港

◆ 缩略语：POE

释　义　装载货物和人员的港口。

2.3.45　Port of Debarkation　卸载港

◆ 缩略语：POD

释　义　卸载货物和人员的港口。

2.4 海军陆战队装备维修保障机构术语

2.4.1 Marine Logistics Command 海军陆战队后勤司令部

◆ 缩略语：MLC

释义 是为保证在发生重大地区性紧急情况时,有效提供作战后勤支援而设立的后勤指挥机构。能够提供全球性的、一体化的后勤与供应链和配送管理,支援级维修管理和战略装备物资预置,以对作战部队和其他受保障部队提供最大限度的支援和全寿命周期的管理。该司令部管理的下属单位主要包括2个陆战队后勤中心、2个陆战队维修中心和陆战队布朗特岛司令部。

2.4.2 Commander Marine Corps Logistics Bases 海军陆战队后勤基地司令

◆ 缩略语：COMMARCORLOGBASES

释义 海军陆战队后勤基地的最高指挥官。

2.4.3 Marine Corps Systems Command 海军陆战队系统司令部

◆ 缩略语：MARCORSYSCOM

释义 美国海军陆战队的采办机构,总部设在弗吉尼亚州匡提科,负责管理和维护海军陆战队车辆、武器以及物资的采办项目,包括指挥控制、通信、轻武器、装甲车辆、火力支援、工程装备和战斗支援装备等。

2.4.4 Marine Corps Logistics Center 陆战队后勤中心

◆ 缩略语：MARCORLOGCEN

释义 陆战队后勤中心主要负责陆战队补给品的管理,集中处理所有需求,进行物资统计,为整个陆战队补给系统提供分类、供应、技术勤务和出版物支援。

二 装备维修保障体系术语

2.4.5　Marine Corps Blount Island Command　陆战队布朗特岛司令部

◆ 缩略语：MCBIC 或 BIC

释　义　隶属于军事海运司令部,是美军海上预置部队(Maritime Pre-positioning Force,MPF)和美国海军陆战队挪威预置计划(Marine Corps Pre-positioning Program – Norway,MCPP – N)的大本营,负责管理海上预置力量和挪威前沿部署装备项目,管理16艘指派给3个海上预置中队的海上预置船,这些预置船每隔33个月卸载一次,每艘预置船的卸载——回装的恢复期为60天,船上的弹药、医疗装备分别被运到不同地点实施检查、更换和修整。通常情况下,装备物资在圣迭戈加西亚港装船,在冲绳那霸港和菲律宾苏比克湾海军基地进行维护保养。

2.4.6　Marine Corps Depot Maintenance Command　海军陆战队基地维修司令部

◆ 缩略语：MDMC

释　义　负责美国海军陆战队各型装备、零配件等大修。

2.4.7　Albany Production Plant　奥尔巴尼工厂

◆ 缩略语：APP

释　义　位于佐治亚州奥尔巴尼,隶属于海军陆战队基地维修司令部。主要负责维护和修理地面车辆及其相关部件,具体包括：两栖突击车(Amphibious Assault Vehicle,AAV)、轻型装甲车辆(Light Armored Vehicle,LAV)、高机动多用途轮式车辆、防地雷伏击车辆、轻型战术车辆(Light Tactical Vehicle,LTV)、中型战术车辆(Medium Tactical Vehicle,MTV)、通信电子设备和小型武器等。

2.4.8　Barstow Production Plant　巴斯托工厂

◆ 缩略语：BPP

释　义　位于加利福尼亚州巴斯托,隶属于海军陆战队基地维修司令部。主要负责地面车辆及其相关部件的维护和修理,具体包括：两栖攻击车辆、轻型装甲车辆、高机动多用途轮式车辆、防地雷伏击车辆、中型战术车辆、联合轻型战术车辆、榴弹炮、通信电子设备和小型武器等。

2.4.9 Service Support Group 勤务支援大队

◆ 缩略语：SSG

释义 负责为陆战队作战单位提供战区支援保障。每个陆战队远征部队都编有1个勤务支援大队。勤务支援大队的任务是向陆战师、陆战队航空联队或其他陆战队作战单位提供支援，也可向联合司令部的海军陆战队提供战役级保障。每个勤务支援大队约有9000多人，一般由司令部与勤务营、医疗营、维修营、牙医营、运输营、补给营以及工程支援营组成。其中，维修营负责装备维修保障，补给营提供维修器材保障。

2.4.10 Combat Service Support Element 战斗勤务保障要素

◆ 缩略语：CSSE

释义 陆战队空地特遣部队（MAGTF）的核心力量，按任务组建，为陆战队空地特遣部队完成任务提供所需战斗勤务保障。战斗勤务保障要素规模不同，从分遣队到一个或多个勤务支援大队不等。它向陆战队空地特遣部队提供补给、维修、运输、通用工程、医疗和其他各种勤务。战斗勤务保障要素本身不是一支常设部队。

2.4.11 Combat Service Support Detachment 战斗勤务保障分遣队

◆ 缩略语：CSSD

释义 是指为陆战队空地特遣部队或指定的下属分队提供弹药、油料补充以及修理能力而建立的一种单独的战斗勤务保障特遣编组。

2.4.12 Aviation Logistics Support Ship 航空兵后勤保障舰船

◆ 缩略语：ALSS

释义 是指由军事海运司令部运营管理的、为保障陆战队空地特遣部队的陆战队固定翼和旋转翼飞行部队快速部署而专门建立的海运支援保障舰船。

二 装备维修保障体系术语

2.4.13　Bare Base Expeditionary Airfield　简易远征机场

◆ 缩略语：BBEA

释　义　是指在现有的混凝土或沥青表面设施上,利用成套的机场照明、着陆导航、拦阻装置等,开设的远征机场。

2.4.14　Landing Zone Support Area　登陆区保障地域

◆ 缩略语：LZSA

释　义　是指为陆战队空地特遣部队所属直升机载突击部队提供最低限度保障的前方保障地域。该地域通常只储备口粮、油料、弹药和水,只具备有限的维修能力,但是可根据需要扩大为战斗勤务保障地域。

2.4.15　Naval Beach Group　滩头保障大队

◆ 缩略语：NBG

释　义　两栖部队中用于保障师级规模登陆行动的保障力量。通常包括指挥官及参谋机构、1个滩头控制分队、1个两栖建筑营、1个突击艇分队等。

2.4.16　Beach Party Team　滩头保障队(组)

◆ 缩略语：BPT

释　义　是指岸上保障队中的海军组成部分。

2.4.17　Classification Maintenance　分类维修

释　义　是指美国海军陆战队确定装备修理机构和地点的分类标准。

2.4.18　Forward Arming and Refueling Point　前方弹药油料补给点

◆ 缩略语：FARP

释　义　航空兵指挥官编组、配备和展开的临时机构,通常配置在主要战斗地域附近,为战斗中的航空兵战斗分队提供所需的燃料和弹药。

2.4.19　Repair and Replenishment Point　修理与补充点

◆ 缩略语：RRP

释　义　　为了保障机械化或其他快速运动的部队,在前方地域靠近被保障部队的位置建立的战斗勤务保障力量,主要是为部队补充弹药、油料,提供修理服务。

2.4.20　Marine Expeditionary Unit Service Support Group 陆战队远征分队勤务保障队

◆ 缩略语：MEUMSSG

释　义　　特遣编组的陆战队远征分队的战斗勤务保障要素。人员和装备来源于勤务保障大队各营,在必要的情况下,能够得到陆战队师或陆战队航空联队的战斗勤务保障力量的加强。

2.4.21　Assault Support Coordinator(Airborne) 突击保障协调员(机载)

◆ 缩略语：ASC(A)

释　义　　是指在突击保障行动中,从飞机上协调航空兵力机动的空勤人员。

2.5　空军装备维修保障机构术语

2.5.1　Department of the Air Force　空军部

◆ 缩略语：DAF

释　义　指国防部中空军部队的主管部门,在空军部长控制或监督下,管理空军所有野战司令部、机构、现役和后备役部队、基地、设施等。2019年成立的天军,也归属空军部管辖。

2.5.2　Air Force Materiel Command　空军装备司令部

◆ 缩略语：AFMC

释　义　空军装备司令部是美国空军9个一级司令部之一,是最重要的后勤机构,主要包括土木工程局、作战局、人事局、需求局、工程与技术管理局、财务管理与审计局、后勤局、合同局、通信与信息局、计划与项目局、服务管理局和主管科学与技术的部长助理办公室,以及总检察长办公室、情报办公室、法律咨询参谋处、公共事务办公室、安全办公室、安全部队办公室和军医主任办公室。主要负责空军现役部队、空军后备队、空军国民警卫队的物资保障、工程保障、航空武器装备系统的研究、开发、试验、采购、储存、供应、维修及退役处理。

美国空军装备司令部在各业务局下辖的专项管理机构主要有土木工程中队、计算机系统办公室、合同办公室、法律办公室、后勤支援办公室、联合支援维修机构管理办公室、管理工程办公室、航空研究办公室、作业办公室、质量与管理创新办公室、空间系统保障大队、研究与分析办公室等。

2.5.3　Air Mobility Command　空中机动司令部

◆ 缩略语：AMCOM

释　义　空中机动司令部在行政上受美国空军部及空军参谋部领导,但同时又是美国运输司令部的下属单位,在执行任务时,接受该司令部指挥。空中机动司令部的主要任务是为三军提供快速的全球性战略空运和战术空运保障。

空中机动司令部设有司令、副司令和参谋长各 1 名,设主管动员、空军国民警卫队的司令助理各 1 名。该部机关主要有土木工程局、作战局、人事局、情报局、后勤局、公共事务局、安全办公室、通信与信息局、安全部队局、勤务局、测试与评估局、计划与规划局,以及军医主任、审计长、总检察长、法律顾问办公室等。

2.5.4　Air Force Audit Bureau　空军审计局

◆　缩略语:AFAB

释　义　空军审计局由空军总审计长(文职)兼任,直接向空军部长报告工作。该局下辖 3 个地区审计办公室,即西部审计区办公室,下辖 20 个支援级审计办公室;东部审计区办公室,下辖 18 个支援级审计办公室;器材审计分区办公室,下辖空军装备司令部所属的 10 个支援级审计办公室。主要任务是对空军各级机关、部队的财务管理和作训后勤保障等活动提出独立的、客观的、建设性的意见和审计报告,并对空军各项业务工作效率、效益、经济性等进行审计、评估。该局设参谋处和 5 个业务处,分别为战勤处、部队业务处、资源管理处、财务与支援处和器材与系统处,其中,器材与系统处主要是对空军装备司令部的业务活动进行审计,下设供应与运输科、采购科、维修科、信息系统科、器材财务管理科、器材审计科等。

2.5.5　Air Force Logistics Management Bureau　空军后勤管理局

◆　缩略语:AFLMB

释　义　空军后勤管理局下设业务处和保障处,并负责组织出版《空军后勤》杂志。主要任务是开展理论研究、分析、试验、评估,拟定新的或修改原有的后勤工作方针原则、制度及程序等,以提高后勤工作的效率、效益和保障能力。

2.5.6　Air Logistics Complexes　空军保障中心

◆　缩略语:ALC

释　义　是美国空军为空军武器系统提供维修服务的综合后勤保障中心,是美国空军支援级维修的核心场所,对保持美国空军战备能力具有至关重要的作用。也可译为"航空后勤综合体"。

2.5.7 Ogden Air Logistics Complex　奥格登空军保障中心

◆ 缩略语：OG – ALC

释义　　隶属于美国空军装备司令部。位于犹他州奥格登市希尔空军基地,主要负责导弹、起落架和战斗机保养和维修,具体包括 A – 10 攻击机,F – 16、F – 22 和 F – 35 战斗机,T – 38 试验机,TX 教练机,C – 130 运输机,陆基战略威慑系统(Ground Based Strategic Deterrent System,GBSDS)、飞机起落架、导弹系统和软件等。

2.5.8 Warner Robins Air Logistics Complex　华纳·罗宾斯空军保障中心

◆ 缩略语：WR – ALC

释义　　位于佐治亚州华纳罗宾斯市,隶属于美国空军装备司令部主要负责货运飞机、F – 15 战斗机和航空电子设备维护和修理,具体包括:C – 5、C – 17、C – 130 运输机,MQ – 9 无人机系统,KC – 46 加油机,F – 35、F – 22、F – 15 战斗机等飞机的航空电子设备和软件。

2.5.9 Oklahoma City Air Logistics Complex　俄克拉何马空军保障中心

◆ 缩略语：OC – ALC

释义　　位于俄克拉何马州俄克拉何马市,是美国空军装备司令部最大的支援级维修保障单位之一,由 5 个大队和 8 个参谋办公室组成。主要负责轰炸机、加油机、机载预警和控制系统(Airborne Warning and Control Systems,AWACS)和发动机维护及修理,具体包括 B – 1、B – 52 轰炸机,KC – 10、KC – 135、KC – 46 加油机,E – 3 机载预警和控制系统,MQ – 9、RQ – 4 无人机等发动机和软件。

2.5.10 Aircraft Maintenance Group　飞机维修大队

◆ 缩略语：AMG

释义　　美军航空联队中承担维修保障任务的主要力量,下辖维修管理中队、维修中队和飞机维修中队,维修大队的管理工作由维修大队长(Maintenance Group Commander)、维修副大队长(Deputy Maintenance Group Commander)、维修大队主管(Maintenance Group Superintendent)、中队长(Squadron Commander)、维修主管(Maintenance Supervision)、分队长(Flight Commander/Flight Chief)、机组负责人(Aircraft Maintenance Unit Chief)、生产负责人(Production Superintendent)承担。大队一级指挥官承担上述5项管理工作,中队一级指挥官承担除计划制定外其余4项工作,分队承担评估工作、维修工作和人员物资管理。

2.5.11 Aircraft Maintenance Squadron 飞机维修中队

◆ 缩略语：AMS

释义　飞机维修大队下属力量,主要负责飞机的维修一线保障工作,承担基层级维修任务,下设若干飞机维修队(Aircraft Maintenance Unit, AMU)。飞机维修队负责飞行中队的飞行保障,在飞机维修队中包含了飞机(Aircraft)、专业人员(Specialist)、武器(Weapons)、讲评(Debrief)、保障(Support)、供应(Supply)6个组,各组职能划分如表2-1所示①。

表2-1　飞机维修中队编制及其任务

所属分队	任务分工
飞机组	飞机的保养、定期和非定期维护,飞行前、后维护,再次出动准备、专项检查、腐蚀控制、飞机停机坪清洁、飞机的出动和接收,故障排除和调整,原位修理、部件的拆卸和更换,记录维修工作
专业人员组	飞机各系统的故障排除、原位维修、部件拆卸和更换、机密物品管理、飞机停机坪清洁。该组包括航空电子、推进、液压和电子/环控以及通过上级总部批准的其他专业
武器组	负责弹药的装载/拆卸及武器维修,由武器装载人员和武器维修人员组成,并设一名监督员负责所有军械系统的维护和装挂作业
讲评组	负责每次飞行结束后或飞行中断后的汇报讲评工作。通过各类人员的汇报掌握飞机情况,并且做好记录
保障组	为飞机维修保障提供充分的保障,如工具、设备、器材及车辆等
供应组	保证维修保障所需物资的及时供应

---

① Air Force Instruction 21-101. Aircraft And Equipment Maintenance Management[Z/OL](2016-2-9). http://www.e-publishing.af.mil.

2.5.12　Maintenance Squadron　维修保障中队

◆　缩略语：MS

释义　飞机维修大队下属力量,主要负责完成飞机和设备的离位维修,包括飞机维修中队无法完成的较大定期检修,另外还向一线提供专业人员、保障设备等技术支援,并设有专门机构负责过往飞机的保障。维修保障中队由多个分队的人员构成,具体包括:制造分队(Fabrication Flight)、附件分队(Accessories Flight)、航电分队(Avionics Flight)、航天地面设备分队(Aerospace Ground Equipment Flight)、军械分队(Armament Flight)、维修分队(Maintenance Flight)、弹药分队(Munitions Flight)、推进器分队(Propulsion Flight)、计量设备分队(Test,Measurement,and Diagnostic Equipment Flight)(表2-2)。

维修保障中队人员编制一般在700人以上[①],当人数超过700人时可以分为设备维修中队(Equipment Maintenance Squadron)和部件维修中队(Component Maintenance Squadron)。

表2-2　维修保障中队编制及其任务

所属分队	任务分工
制造分队	负责飞机结构修理,飞机和部件的无损检测
附件分队	负责飞机的电气、环控、弹射、液压、燃油系统的离位和在位维修
航电分队	负责通信导航、电子战、制导控制、空中照相与传感器系统的诊断和离位维修
航天地面设备分队	负责地面设备的检查、维修、回收与发射,及其存放和发运装备
军械分队	负责飞机武器系统、航炮、导弹挂架、接头、发射器的离位维修
维修分队	负责飞机的定检,飞机轮胎的准备和保养,为过往飞机提供服务
弹药分队	负责精确制导弹药和核弹的管理、检查、维护及其有关设备的管理
推进器分队	负责发动机推进装置及其保障设备的离位维修和校验
计量设备分队	负责计量设备的现场和内场测试、修理和检测

2.5.13　Maintenance Operations Squadron　维修管理中队

◆　缩略语：MOS

释义　飞机维修大队下属力量,主要履行数据的整理分析、资源调

---

① 任淑霞,宋可为. 美国空军装备维修保障管理体制研究[J]. 航空维修与工程,2019(4):28-32。

度、计划安排、行政管理、训练管理。在"维修管理中队"设置维修管理中心(Maintenance Operations Center)、发动机管理(Engine Management)、计划安排文档(Plans,Scheduling,and Documentation)、维修管理分析(Maintenance Management Analysis)、维修训练(Maintenance Training)、方案资源(Programs and Resources)6个部门(表2-3)。

表2-3 维修管理中队编制及其任务

所属分队	任务分工
维修管理中心	负责监视和协调整个联队的飞行和维修计划的执行,并且监控飞机的各项维修指标。根据日常计划和维护优先级分配协调各种资源
发动机管理	负责监视发动机的拆卸和更换,进行组件跟踪、发动机的加改装和机件定时更换、发动机信息记录等发动机管理工作
计划安排文档	负责整个联队的飞机维修计划,并根据飞行、维修协调飞机的维修和使用
维修管理分析	负责开展各种分析工作,对各种资源利用率和保障效率进行评估,使部队指挥官掌握整个部队及装备情况
维修训练	负责培训管理和指导
方案资源	负责维修大队人员配置、设施、转场保障工作

2.6 其他装备维修保障力量术语

2.6.1 General Support Forces
通用保障力量

◆ 缩略语：GSF

释义 是指以美国本土为基地的保障机构、野战机构、行政管理司令部和部队提供的通用保障专门机构。

2.6.2 Lead Service or Agency for Common–User Logistics
通用后勤事务的牵头军种或机构

释义 是指根据战斗部队或下属联合部队指挥官的作战计划、作战命令和指令，在具体的战斗指挥部或多国行动中负责提供通用物品或勤务支援的军种组成部队或国防部机构。

2.6.3 Most Capable Service or Agency
优势军种或机构

释义 在某一具体的联合作战行动中最适合提供通用补给品或后勤勤务支援的机构。在此背景下，"最适合"的意思可以是指拥有所需的或现成的资源和（或）专门技术的军种、机构。最具能力的军种可以是、也可以不是某项具体行动中的主要用户。

2.6.4 Multinational Joint Logistics Center or Commander
多国联合后勤中心或司令官

◆ 缩略语：MJLCC

释义 是指在北约军事机构中，承担详细后勤计划制定和执行职责的组织，下辖负责主要后勤职能的协调中心。

2.6.5 Multinational Logistics Center or Commander 多国后勤中心或司令官

◆ 缩略语：MNLCC

释义 由北约军事机构中的军种部队建立。其中,陆空多国后勤中心或司令部仅有协调权;海上多国后勤中心或司令部拥有指挥权。

2.6.6 Dominant User 主要用户

释义 是指在联合作战或多国行动中,某一特定通用后勤补给品或勤务的主要消费军种或伙伴国,经作战指挥官指定,通常会担任牵头军种,负责向其他军种组成部队、多国伙伴、其他政府机构或非政府机构提供该通用后勤补给品或勤务。

2.6.7 Host–Nation Support 东道国支援

◆ 缩略语：HNS

释义 平时、危机或紧急时期、战时,东道国根据国家间达成的协议给予驻扎在其领土上的外国军队的民事援助和军事援助。

2.6.8 Private Sector 私人部门

释义 是指由商业部门运营的维修机构。

2.6.9 Public Sector 公共部门

释义 是指由联邦政府或军队运营的维修机构。

2.6.10 Commercial Activities 商业机构

释义 是指由军方经营或管理的单位,提供可由私营商业渠道获取的产品或服务。商业机构可被认定为某个机构或承担某类工作,但必须是独立机构,能够承担内部确定的职能或签约服务职能。此外,商业机构必须提供所需的常规产品和服务,不能只提供短期或专用项目一次性使用的产品和服务。

2.6.11 Prime Vendor 主供应商(总承包商)

◆ 缩略语:PV

释 义 是指通过电子商务向在某地区集结的军队和联邦用户提供商品的主要经销商。

2.6.12 Contractors Authorized to Accompany the Force 伴随保障合同商

◆ 缩略语:CAAF

释 义 是指经过合同授权可以伴随部队一起行动并受国际公约保护的应急承包商雇员和各级分包商雇员。

2.6.13 Communications Security Logistics Support Unit 通信安全后勤保障分队

释 义 是指对通信安全装备进行维修的野战级或支援级维修机构。

2.6.14 Depot Maintenance Public Private Partnership 基地维修公私合作

释 义 按协议进行的基地级维修公私合作,可存在于建制基地维修机构和一个或多个私人工业等实体中,以开展维修工作或使用相关设施与设备。项目办公室和库存控制点,以及装备、系统或后勤司令部,也可成为这类协议的成员,或者指派建制基地维修机构代表。

2.6.15 Explosive Ordnance Disposal Unit 爆炸物处理分队

◆ 缩略语:EODU

释 义 是指由受过专门训练并配有专用装备的人员所组成的分队,负责安全交付各种爆炸物(如炸弹、地雷、水雷、炮弹和饵雷),拟定该项爆炸物的情况报告并监督其安全撤运。

2.6.16 Salvage Group 搜救与回收大队

释　义　是指在两栖作战中,为营救人员及回收装备与器材而派遣并装备的海军特遣组织。

2.6.17 Direct Production Worker 直接维修人员

释　义　是指承担特定维修工作的全职非管理人员。

2.6.18 Active Guard and Reserve 国民警卫队和后备役部队现役成员

◆ 缩略语：AGR

释　义　是指志愿服现役,对国民警卫队、后备役部队和现役部队组织机构提供全日制支援的国民警卫队和后备役部队成员,目的是对后备役部队进行组织、管理、招募、指导和训练。

2.6.19 Logistics Civilian Augmentation Program 后勤民力增补计划

◆ 缩略语：LOGCAP

释　义　是指通过商业服务保障为军事后勤部队提供替代或补充的陆军合同计划。

三

装备维修保障活动术语

3.1 维修保障内容术语

3.1.1 Maintenance 维修

释义 在美军术语中,维修是指①为保持物资器材处于可用状态或恢复其适用性而采取的全部行动,包括检查、测试、维护、修理,按可使用程度分类、重新装配及修复等。②为保持部队处于随时能执行任务的状态而采取的全部补给与修理行动。

"Maintenance"在英文中也有保养的含义,但是,在装备维修保障领域,为了与"Service"区分,建议译为"维修"或"维修保障"[①]。

3.1.2 Inspect 检查

释义 查清故障并确定必要的修理,或者将装备目前特征与标准值进行比较,以确定其状态。主要是利用规定标准,从物理性能、机械性能和电气性能等方面观察确定装备的可使用性,如火炮身管预定检查、测量和评价等。

3.1.3 Inspection and Classification 检查与分类

◆ 缩略语:I&C

释义 根据既定标准对装备的检查和测试,并根据既定规则将该装备归入某一维修类别,是修理机构对装备修理进行的第一项和最后一项工作。

3.1.4 Checkout 检测

释义 是指为确定某一武器系统或其元件的情况和状态而进行的一系列功能性、使用性和校正性检验。

3.1.5 Test 测试

释义 是指根据现有的性能参数来评估成品部件或其子系统的运

---
① Joint Publication 4-0:Joint Logistics[Z]. Washington,DC:U.S. Government Publishing Office,2019。

行状态。主要是定期测量装备机械性能、气动性能、液压性能或电气性能等,并通过与规定标准比较以核实其可使用性,如利用各种测试设备对装备的载荷、转速、液压等参数进行测试。

3.1.6 Service 维护 保养

◆ 释　义　是指为预防故障、诊断错误而进行的预防性检修、维护和装备性能转状态监控。主要是为保持装备使用状态要求的一些周期性操作,如清洗、防护、排水、油漆或补充燃料、润滑剂、化学液体或气体等。

3.1.7 Adjust and/or Align 调整

◆ 释　义　是指调整装备技术参数或零部件,使其处于规定的工作状态或适当的位置。

3.1.8 Remove Install 拆装

◆ 释　义　是指当需要开展维护或其他维修作业时,拆卸一个产品并将一个相同产品安装回去的活动。拆装可能涉及将一个零件、部件、组件或总成安放并固定到位等活动,以恢复装备功能。

3.1.9 Replace 更换

◆ 释　义　是指拆卸不能工作的零部件,在原来位置上安装一个能工作的零部件。

3.1.10 Discard and Replace 报废并更换

◆ 释　义　是指被指定为不可修复产品变成不能工作状态时应使用的程序。

3.1.11 Fault Isolation 故障隔离

◆ 缩略语:FI

◆ 释　义　是指在一个装备内为隔离故障开展的测试。

3.1.12　Clear　排除故障

释义　是指修复装备或零部件缺陷的活动。

3.1.13　Repair　修理

释义　是指使部件恢复至可用状态。主要是对产品开展故障定位、检修、拆卸、安装、分解、结合、确定故障以及恢复可使用性的一系列维修活动，分为部队换件修理和后方基地大修。其中，大修是按技术出版物中的维修标准要求，使装备恢复到全面可使用工作状态。

3.1.14　Rebuild　重建

释义　是指使装备的外观、性能和使用寿命尽可能恢复到初始状态，是对装备进行的最高等级的维修。也可以翻译为"整修"。

3.1.15　Calibrate　校准

释义　是指对系统进行对比、调整、确认，使之符合已知精度标准。在必要且可能的情况下，对系统进行调校使其恢复到固有运行状态。主要使部件达到适当位置或规定的使用特性，以维持或调节装备使之达到规定技术指标范围。

3.1.16　Overhaul　大修 翻修

释义　是指使某物品恢复到维修标准所规定的完全适用状态。彻底检修、改造也属于大修或翻修范畴。

3.1.17　Reset　重置

释义　是指将不能使用的装备恢复到新品状态。

3.1.18　Recapitalization　重组

释义　是指重建并对现役已部署系统的升级，目的是提供一个不同型号的新系统。

3.1.19 Redeployment 重新部署 回撤

释义 是指把装备、物资、器材从隶属单位或使用单位经由配送系统返回补给源、指定位置或处置单位。

3.1.20 Materiel Change 装备改装

释义 是指改变装备配置,以提高系统、装备的作战效能,或延长其使用寿命。

3.1.21 Modification 改造

释义 是指改变系统、成品、组件、部件、子部件或零部件的设计或组装特性的维修活动。目的是改进装备的功能、可维护性、可靠性或安全特性。维修机构通常要以多种方式改造可使用的装备。

3.1.22 Special Mission Alteration 特殊任务改装

释义 是指为了满足特殊任务要求而进行的改装,通常是临时性的。

3.1.23 Special Purpose Alteration 特殊目的改装

释义 是指在适用的技术手册中允许的装备改装,以使装备能够在特殊气候或地理条件下使用。

3.1.24 Removal 清除

释义 是指改变各种结构、设施或材料的位置,使其不能再对已方行动施加不利影响。

3.1.25 Configuration 配置

释义 在技术文档中规定,并在生产中达到的硬件或软件的功能、物理特性。

3.1.26 Custody 保管

释义 是指对装备及部件的控制、移交与运输及看管所负的责任。保管同时包括对装备及部件的管理与登记。

3.1.27 Integrated Materiel Management 综合物资管理

◆ 缩略语：IMM

释义 是指某一机构为整个国防部履行对某一联邦分类物资、商品或物品的管理职责。通常包括对需求的预计、提供资金、编造预算、储存、发放、编目分类、制定标准以及采购等职能。

3.1.28 Procurement 获取

释义 是指获得人员、服务、补给品和装备的过程。

3.1.29 Technical Assistance 技术支援

释义 是指提供与设备的安装、操作和维修有关的建议、援助和训练。

3.1.30 Technical Evaluation 技术鉴定

释义 是指为保证用于军事部门的物资装备或系统的技术可靠性，由研制部门所作的研究和调查。

3.1.31 Explosive Ordnance Disposal 爆炸物 弹药处置

◆ 缩略语：EOD

释义 是指对未爆弹药和各种爆炸物的探测、识别、现场鉴定、确保安全、回收和最后处理。还可包括某些由于受损或变质，已变成危险品的爆炸物的处理。

3.1.32　Reclamation　重新利用

释　义　是指恢复不适用的、丢弃的、废弃或损伤的装备物资、零件、组件,并重新返回补给系统。重新利用行为包括修理、再制造和整修。

3.1.33　Disposal　处置

释　义　是指处理过量、过时、剩余或不能使用的资产的过程,包括移交、捐赠、出售和废弃。

3.1.34　Recovery　回收

释　义　是指重新获得或将不能机动、无法操作、放弃的装备物资脱离其位置的过程,包括将装备物资投入使用或将其送回修理、后送、处置的收集点,是装备所在部队的职责。

3.1.35　Salvage　回收品 回收处理

释　义　是指①无法修理和恢复原有状态,但仍具有某些利用价值的装备或资产;②回收或救援不适用的、丢弃的装备或资产及其组成材料,以便重新利用、再制造或做报废处理。

3.1.36　Evacuation　后送

释　义　是指将装备物资从一个战斗勤务保障维修机构送往另一个战斗勤务保障维修机构以便进行修理或安排其他的活动,通常包括在装备所在部队维修机构、提供支援的战斗勤务保障维修机构、陆战队航空后勤中队等之间运送装备,后送是战斗勤务保障分队的职责。

3.1.37　Requisition　申请 征用

释　义　是指①专门针对虽已授权但未经请求不能使用的人员、补给品或勤务而提出的要求;②强制要求或命令被攻占或被征服的国家提供服务。

3.1.38　Security　警戒 防卫

释　义　　是指部队、机构或基地为防止遭到所有可能削弱其效能的行为而采取的各种措施。

3.2 装备修理活动术语

3.2.1 Execution 组织实施

释义 是指把计划转化为行动,以完成任务。

3.2.2 Maintenance Area 维修地域

释义 是指一些维修设施聚集的地区,其目的在于保持或恢复装备的可用状态。

3.2.3 Reorder Point 申请补充点

释义 是指①规定的标准值,储存量降到此点时将提交补充库存品的申请,以保持预定或计划的库存目标;②补给品安全储备量加上为满足订购和运输期间的需要所需的储备量,即为申请补充点。

3.2.4 Equipment Concentration Site 装备集中点

- 缩略语:ECS

释义 是指在非现役部队职能训练、年度训练和动员期间,用于保障美国陆军后备役及其他授权部队的场所,包括装备维修机构。

3.2.5 Field Maintenance Sub Activity 野战维修分机构

- 缩略语:FMSA

释义 是指为补充有限的可用工作空间,由野战维修车间(FMS)或地理位置独立的被保障部队授权建立的野战级维修分机构。

3.2.6 Mobile Contact Team 机动联络组

- 缩略语:MCT

释义 是指美军后备役野战级和支援级维修人员,以及区域装备维修机构、装备集中点的维修编组,主要承担巡检巡修、提供技术支援等任务。

3.2.7　Mobilization and Training Equipment Site　动员和训练装备点

◆　缩略语:MATES

释义　是指美国陆军国民警卫队建制维修机构,当与装备修理工厂结合时,为陆军国民警卫队装备提供全般支援保障。当与其不结合时,则向指定的装备与部队提供支援维修保障。

3.2.8　Satellite Materiel Maintenance Activity　卫星装备维修机构

◆　缩略语:SMMA

释义　是指地理位置远离其上级设施的维修机构,主要向上级设施不能满足其要求的部队和机构,提供及时的维修保障。

3.2.9　Pre-position　预先配置

释义　将部队、装备或补给品配置在预定使用地点或其附近,或者配置在指定位置,以便缩短反应时间,确保在作战初始阶段及时为特定部队提供支援。

3.2.10　Maintenance Operations　维修活动

释义　是指作战编制目录中装备的保养、修理、测试、整修、改进、校准、现代化和检查等各种活动和任务的管理与物资保障,以及为保障后勤系统中的部队向装备使用者提供技术支援等活动。

3.2.11　Implementation　实施

◆　缩略语:IMP

释义　是指根据国家指挥当局发布的执行指令实施部队动员和军事行动的部署、开展和维持的程序。

3.2.12　Implementation Planning　实施计划

释义　是指与开展持续行动、战役或战争以实现既定目标相关的行动计划。在国家层次上,包括制定战略和向作战司令部司令分配战略任务;在战区层次上,包括制定战役计划以实现既定目标,以及制订行动计划和行动指令以实施战役行动;在更低的层次上,实施计划为执行指定任务或后勤任务做准备。

3.2.13　Contingency Plan　应急计划

◆ 释　义　　是指为应对司令部下辖各主要地理区域可能发生的重大应急事件而制订的计划。

3.2.14　Interagency Coordination　跨部门协调

◆ 释　义　　是指在国防部介入的情况下,为实现某一目标,在国防部各部门、美国政府机构、非政府组织、地区和国际组织之间进行协调。

3.2.15　Inter–Service Support　军种间支援

◆ 缩略语:ISS

◆ 释　义　　是指某一军种或其下属单位向另一军种或下属单位提供后勤及行政支援的行动。此种行动就某一设施、地区或世界范围而言可以是重复性的,也可以是非重复性的。

3.2.16　Joint Logistics Over–the–Shore Operation 联合岸滩后勤行动

◆ 缩略语:JLOSO

◆ 释　义　　是指海军与陆军的岸滩后勤单位在联合部队司令官的指挥下,共同进行岸滩后勤行动。

3.2.17　Concept of Logistic Support　后勤保障方案

◆ 缩略语:COLS

◆ 释　义　　是指以概略方式用文字或图表对指挥官在作战中如何进行后勤保障,并与作战方案相整合的意图所做的文字或图表形式的描述。

3.2.18　Combat Service Support　战斗勤务保障

◆　缩略语：CSS

释　义　　是指支持战区各作战部队进行不同强度的作战行动所必需的基本能力、作用、活动和任务。就国家和战区后勤系统而言,战斗勤务保障包括(但不限于)勤务部队为了确保航空与地面战斗部队完成作战任务所需的补给、维修、运输、医疗和其他勤务而提供的支援。战斗勤务保障包括在不同强度的战争中向战场上的各作战部队提供支援的行动。

3.2.19　Maintenance Control　维修控制

◆　缩略语：MC

释　义　　是指对维修活动的人员、工序、资源等进行科学安排和管理,确保维修工作效率的最大化[1]。维修控制要求具有共同的感知、有效的规划、严密的监督和及时的补救措施,目的是减少超负荷状况,必要时对其进行纠正。为了有效地进行维修控制工作,维修控制机构或人员必须对整个任务有深入的认识,对各个班组的能力和产量有透彻的了解,保持对保障的单位分配的优先顺序、预期的工作量、维修进度和维修供应状况的沟通[2]。

3.2.20　Cross – Leveling　跨级调整利用

释　义　　是指在指挥官后勤指令权限内,在战区的战略和战役层级,调整改变原本供应某部队的在运物资或战区内物资的流向,用以满足另一支更高等级部队的优先保障需求。

3.2.21　Logistics Supportability Analysis　后勤可保障性分析

◆　缩略语：LSA

释　义　　是指各作战司令部为拟制《联合战略能力计划》而对执行和

---

[1]　DA PAM 750 – 3. Soldiers' Guide for Field Maintenance Operations[Z]. Washing to,DC,2013。

[2]　Wilson D *The anatomy of two – level maintenance in Multi – Domain Battle*[J]. Army Sustainment,2018。

维持保障构想所必需的关键后勤能力进行的内部评估,在制定附带分阶段兵力部署数据的第三级计划时实施。

3.2.22 Maintenance Application 维修申请

释　义　是指维修管理者上报装备维修需求,直至开始实施维修的过程和程序。依据美国陆军条例 AR 710-2 要求,美军采用储存修理用零部件的方法以保障其维修任务。为了帮助减少延误和防止零部件重复申领,维修管理者应该进行检查以确保申请表正确填写,尤其是优先顺序和报告代码。监督人员必须定期跟踪所有的申请表,并在交付申请之前确保第一时间改正订单,库存品号/零部件号按现行目录(联邦物流数据)确认。为满足高优先顺序的申请,应考虑备选的供应来源,如受控替换、拆配点和就地采购。但是,如果已得到物资,则取消订单或重新修改申请,将已经得到的物资和还需要申请获取的物资分开。

3.2.23 Technical Inspections 技术检查

◆ 缩略语:TI

释　义　是指对装备进行技术检查以发现故障、确定装备的全面适用性和可修复性的活动,是保持高效率维修运作和确保修理质量的重要因素[1]。技术检查包括:初始检查、过程中检查和最终检查。

3.2.24 Categories Inspections 装备分类检查

释　义　是指维修人员按照技术手册、技术通报和维持旅指示的说明和规范检查装备,查明装备状态(状态分类代码),明确返回装备物理状态的分类,确定是否值得修理,以及修理的范围和深度。目的是使最多的装备高效、快速地返回部队。

3.2.25 Precombat Checks 任务前检查

◆ 缩略语:PC

释　义　是指由使用操作人员按任务前检查清单所实施的必要的功

---

[1] Army Regulation 750-1. Army Materiel Maintenance Policy[Z]. Washington, DC: U.S. Government Pubishing Office, 2007.

能与安全性检查,确保装备能够履行其作战任务。

3.2.26 Before Operation Checks 使用前检查

◆ 缩略语:BOC

释 义 是指依照 TM/ETM 10 系列技术手册/电子技术手册中的预防性维修检查与保养表,在任务开始之前,由操作人员/乘员组执行的检查,其目的是检测影响任务执行并且必须排除的故障。如果超出操作人员/乘员组授权修理级别,则应向专业维修机构报告。按照美国陆军有关规定,由操作人员/乘员组完成的使用前检查,不得超过 20 分钟。

3.2.27 During Operations Checks 使用间检查

◆ 缩略语:DOC

释 义 是指由装备使用操作人员按 TM/ETM 10 系列技术手册(TM)或电子技术手册(IETM)中的预防性维修检查与保养表(PMCS)开展的检查,在任务期间监控装备工作情况,识别装备性能故障。导致装备无法完成任务的故障,要求立即修复,或使用状态栏打"×"的授权的受限操作。所有的其他故障要修复,超出使用操作人员授权修复范围的故障,要在任务期间或任务后报告。

3.2.28 After Operation Checks 使用后检查

◆ 缩略语:AOC

释 义 是指在任务结束时,依照 TM/ETM10 系列技术手册/电子技术手册中的预防性维修检查与保养表,在任务结束后进行的预防性维修检查与保养,其目的是检测与纠正影响下次任务执行的故障,使装备保持 TM/ETM10 系列与 TM/ETM20 系列预防性维修检查与保养维修标准。属于操作人员和(或)乘员修理级别授权范围的,必须马上修复;超出操作人员和乘员修理级别授权范围的,要立即报告给野战级维修机构,并在下一次任务开始前修复。野战级维修完成操作人员和乘员通过报告要求的非计划修理工作,并实施 TM/ETM20 系列要求的保养,以便使装备保持到 TM10 系列和 TM20 系列 PMCS 维修标准。

3.2.29　Initial Inspections　初始检查

◆ 缩略语：II

释　义　是指装备开展修理之前进行的检查。初始检查或初步诊断用于确认装备故障、需要的修理范围、确定修理的经济性、零部件要求、进一步处置的建议、确定备选的战备周转器材、建议的资产损失财务调查措施、确定必要的维修工作以及估算需要的维修工时等。

3.2.30　Process Inspections　过程中检查

◆ 缩略语：PI

释　义　是指在装备维修过程中持续进行的技术检查,以确保正在进行的维修活动按照正确的流程和方法进行。

3.2.31　Final Inspections　最终检查

◆ 缩略语：FI

释　义　是指在装备维修工作完成后进行的检查,用于确定修理的适当性、装备的可使用性和安全性。

3.2.32　Preventive Maintenance　预防性维修

◆ 缩略语：PM

释　义　是指通过提供系统性检查、检测,防止故障的发生,使产品保持在规定状态所开展的活动。

3.2.33　Preventive Maintenance Checks and Service　预防性维修检查与保养

◆ 缩略语：PMCS

释　义　是指发现装备潜在问题,组织开展维护、检查、检测和校正小的故障以避免造成严重的损伤、失效或伤害。包括快速往返维修、部件替换、小型维修,以及操作员、乘员、连、营或特遣部队级别计划内的维修行动。

3.2.34　General Shop Support　通用维修保障

◆　缩略语：GSS

释义　通用维修保障的职能,主要包括管理监督、工程、生产控制、文书工作、工厂维护、中心或通用仓储、质量保证、材料测试等。这包括用于办公室、食堂、图书馆、管理人员的工作空间、商店零件存储区、主要通道、清洗和更衣区、调度设施、检查设施等室内外场所。

3.2.35　Field Support　野战保障

◆　缩略语：FS

释义　是指由美国陆军野战支援旅、营、分队组成的陆军支援司令部野战保障网,共同确定和解决装备维修问题,以及为其保障的司令部负责装备战备完好性事宜。

3.2.36　Landing Support　登陆保障

◆　缩略语：LS

释义　是指在两栖突击由舰到岸阶段或跨越滩头支援岸上作战期间,为了使人员、补给品和装备的吞吐达到敏捷高效而提供的保障,包括对人员、装备和物资通过滩头和进入登陆地域而提供的保障。

3.2.37　Field Maintenance　野战级维修

◆　缩略语：FM

释义　是美国陆军两级维修中的第一个维修层级,由装备操作使用人员/机组人员/舰员、分队和直接支援的专业维修力量承担,主要任务是在故障点、修理点或部队维修集中点,通过更换故障部件、组件或模块来使武器系统恢复到可使用状态,然后将之归还给操作人员或装备使用部队。

3.2.38　Sustainment Maintenance　支援级维修

◆　缩略语：SM

释义　是美军对装备进行的高等级维修,通过提供技术支援和进行超出低等级维修工作职责范围的维修活动,支援低层级维修工作。相对于低层级的维修,支援级维修需要使用更广泛的设施、设备和技术水平更高的人员。支援级维修通常由战区、基地、特殊修理机构或者合同商等专业维修保障力量承担,主要是在固定的车间、船厂和其他岸基设施中,运用先进的设施设备,对装备进行全面维护和修理的过程。包括对武器系统、单装、部件、组件、零件等进行的大修、升级、重建、测试、检查和回收(必要时)等工作。支援级维修还包括所有软件维护、部件安装或改装,以及向作战部队和其他维修机构提供的技术支援。

支援级维修的翻译尚未统一,目前有"后方维修""基地级维修""维持级维修""仓储级维修"等各种翻译,考虑到美军由"基地级、中继级、基层级"三级维修转型为"支援级、野战级"两级,为了区分,建议根据其职能任务、特点等要求翻译为"支援级维修"。

3.2.39 Intermediate Maintenance　中继级维修

◆ 缩略语:IM

释　义　　美军原三级维修中的第二级,由指定的维修机构负责并实施的维修,以便直接支援使用单位。此种维修一般包括①校正、修理或调换已损伤或不堪使用的零件、部件或组件;②紧急制造非现成的零件;③对使用单位提供技术支援。

3.2.40 Depot Maintenance　基地级维修

◆ 缩略语:DM

释　义　　美军原三级维修中的第三级,要求对零件、总成、分总成或最终产品进行专业大修或全部重建的装备维修。根据需要,包括制造零件、改进、试验、再生以及各方面的软件维修等。基地维修通过提供技术支援和实施超过他们职责的维修,服务于较低维修级别保障。因其拥有比较低维修机构更广泛的修理设施,基地维修提供能工作装备库存。

3.2.41 Organizational Maintenance　队属维修/建制维修

释　义　　是指由使用单位负责对其装备进行的维护保养。一般按阶段分为检查、维护、补充润滑油、调节以及调换零部件、小组件和子配件。

3.2.42　Forward Support Maintenance　靠前保障维修

◆ 缩略语：FSM

释　义　是指通过尽可能缩短修理与后送时间,以快速返回用户为目的,从而使作战时间最大化的维修。

3.2.43　Logistics Over–the–Shore Operations　后勤滩头作业

◆ 缩略语：LOTSO

释　义　是指在友好的、不设防或者没有敌对行动的地方,在缺乏固定港口设施可用的情况下对舰船的装载和卸载行动。

3.2.44　Product Mix　多类型(维修)

释　义　是指各种不同维修任务的组合,通常与主要系统、子系统、组件、备件或零件等修理相关。

3.2.45　Off–Site Maintenance　离位维修

释　义　是指授权由指定的与装备使用处于不同地点的维修设施实施的维修。

3.2.46　On–Site Maintenance　原位维修

释　义　是指授权在装备使用地点实施的维修。

3.2.47　Operator and/or Crew Maintenance　使用操作人员维修

释　义　是装备维修系统的第一项也是最关键的活动,是装备维修的基础,使用操作人员按照 TM/ETM10 系列规定进行检查、诊断、清洁、润滑、紧定、排除故障等。

3.2.48 Battle Damage Repair 战斗损伤修复

◆ 缩略语：BDR

释义 是指可在战斗环境下临时进行或快速施行的修复工作,目的是将损伤或失效的装备修复到能临时使用的状态。

3.2.49 Short Circuit 短路

释义 是战场损伤评估与修复的常用方法。当部件移除、安装和修理未按既定顺序或未采取技术手册规定的标准程序实施时,可以考虑短路修复。

3.2.50 Bypass 旁路

释义 是指将系统中不起作用的设备或部件移除。例如,对损伤的油液过滤器,可以将油液系统降级运行,然后移除损伤的油液过滤器,这种情况下,油液不再经过过滤,而是直接流向油液系统,可以使武器系统继续完成当下任务。再如,当电路中的电子接线器损坏时,可以将其从电路中移除,将电线直接接在一起,这种情况下,电路可以继续使用,只是在车辆不再使用时,会耗尽电池能源。在试图实施部件旁路工作前,要对所修理用零部件和修理流程进行风险评估。

3.2.51 Temporary Repair 临时性修复

释义 是指对损伤装备进行的快速临时性维修工作。例如,使用安全线缆替代损坏的钩索;使用输送管带或柔性绳索保证车辆分离挡泥板或装甲防护板固定在一起。

3.2.52 Fabricate and/or Manufacture 制配或制造

释义 是指用原材料或零件制配一个组件的制造活动。可包括工程、设计、试验和生产,不包括在正常修理或大修过程中发生的制造。例如,使用一个合适的塑料容器,将其制配成散热器的储水箱,并临时替换损伤的储水箱;通过焊接金属块或金属管来替换损伤的悬挂系统前轮连接杆。

3.2.53 Substitute 替代

> 释 义　是指某些情况下,将同一装备上处于非关键功能部位的零部件卸下来替换处于关键功能部位的零部件。例如,可以使用控制电路内部灯光开关的断路器,替换发动机启动开关的断路器,以快速恢复发动机的启动电路功能。这类替代修复在实际使用过程中,可能会需要一些修改和额外时间准备。

3.2.54 Controlled Exchange 受控替换

> 释 义　是指从一个不能工作但经济可修复的装备上,拆卸一个能工作零件、组件或总成,立即将它们用于使一个类似的装备恢复到战斗任务能力状态。按照 AR 750-1《陆军装备维修政策》规定,如果修复损伤装备所需零部件或部组件无法及时通过指挥官授权的供应保障渠道获取,对经济可修复的损伤或不可用装备通常采用受控替换方法。这就意味着,任何装备完成任务所需的替换部件都要从装备无法使用部分进行替换。任何采用受控替换方式修复的部件都必须通过供应系统进行报告,并产生一个部件需求。无论获取修理用零部件的渠道如何,记录部件需求都会在供应系统中产生恰当的需求等级。

3.2.55 Special Repair Authority 特殊修理授权

> 释 义　授权具有核准的特殊工具、测试设备与能力的一个支援维修部队或机构,在不超过一年的某段时间内,对陆军部指定的在维修任务区分表中代码为"D"或"L"的装备产品进行修理。

3.2.56 Cannibalize 拆件修理

> 释 义　"Cannibalize"本义是指"拆卸利用,或拆取(可利用的机器零件)"[1],即拆下某一装备上仍可使用的零件用于另一装备上。也有文献将其翻译为"零件拆用"[2],但译为"拆件修理"更为恰当。

---

[1] 朗文当代高级英语辞典[M].4版.北京:外语教学与研究出版社,2010:298。
[2] JP 1-02. Department of Defense Dictionary of Uilitary and Associated Terms[Z]. Washington,DC: U.S. Government Publishing Office,2008:130。

3.2.57　Aircraft Cross – Servicing　飞机相互维护

◆ 释　义　　是指根据既定的作战飞机交叉维护要求，由飞机所属单位以外的机构对飞机进行的维护，可分为两类，其中，A级交叉维护，是为使飞机能飞行到另一机场/舰船而在本机场/舰船上为飞机提供的维护；B级服务，是为使飞机能进行作战任务而在机场/舰船上提供的维护。

3.2.58　Aircraft Modification　飞机加改装

◆ 释　义　　是指通过改变生产规格或更换部件而实现的飞机物理特性的改变。也有文献将其译为"飞机改型"。但通常情况下。飞机改型涉及飞机用途、性能的大幅度改变或型号变更，译为"飞机加改装"更为贴切。

3.2.59　Repair Cycle　修理周期

◆ 缩略语：RC

◆ 释　义　　是指可修理物品自拆走或换下至恢复到可用状态并重新安装或入库所经过的各个阶段。

3.2.60　Selective Interchange　有选择的互换

◆ 释　义　　是指从损伤或到限的装备上选择可使用的零件、组件换到相同装备上，替换不可使用的、需要修理的零件、组件。

3.2.61　Battlefield Recovery　战场抢救

◆ 释　义　　是指将那些在作战过程中遭到损伤而不能移动、无法使用或者需要报废的装备撤离当前位置，使其恢复使用或者将其移至野战维修保障点进行后续维修。典型的抢救措施包括发现、拖曳、举起和起吊等一系列活动。拖曳一般是指将损伤装备移至野战维修保障点或者附近的维修集中点。根据装备陷入程度和损伤情况，抢救通常包括4种方法：自我抢救、同类装备互救、专用装备抢救和临时性处理。

3.2.62 Self – Recovery 自我抢救

释 义 是指装备使用操作人员和机组人员使用基本配发件、其他授权的设备工具以及车载设备工具等,将淤陷或者损伤装备抢救出险境。

3.2.63 Like – Vehicle Recovery 互救 类似装备抢救

释 义 是指在自我抢救失败后采用的一种抢救方法。即使用其他重量相同或者更大的装备,采用牵引杆、链条、拖缆或联合动能抢救绳等设备,抢救陷入泥坑、无法使用或损伤的装备。如果自我抢救和类似装备抢救都无法完成抢救或不可用时,则使用专用装备抢救。

3.2.64 Dedicated – Recovery 专业救援 专用装备抢救

释 义 是指那些为抢救其他装备而运用专门设计和配备的专业装(设)备进行抢救行动,如轮式抢救车和履带式抢救车。如果由于环境严峻、安全风险大,使得自我抢救和类似装备抢救都无法完成抢救或不可用,或者不能使用重要任务中使用的类似车辆,则可使用专业抢救。

3.2.65 Interim Overhaul 临抢修 中期检修

释 义 是指为在海军舰船修造厂或其他岸基修理机构进行的必要的修理与紧急改装所需的修理,通常安排在规定的正常检修周期的中间。

3.2.66 Maintenance Status 维修状态

释 义 是指①一种有意安排的非使用状态,在这种状态下,有适当人员负责维护与修理军事设施、作战物资及装(设)备,使其在需要时仅增派一定人员即能在最短时间内恢复其适用状态,而无须大修或彻底检修;②实际上或行政上列为不能使用的、有待完成维护或修理的物资所处之状态;③说明某件装备战备状态水平的备用状态。

3.2.67 Software Maintenance 软件维护

释 义 也称软件维持,包括变更软件基线(适应性、纠错性、完美性和预防性)的操作、添加功能、修改、升级、需求开发、体系结构与设计、编码与集成和测试活动等。

3.2.68 Deferred Maintenance 延迟维修

释 义　是指对装备故障,授权推迟维护和(或)修理。

3.2.69 Early Return Equipment 先期返回装备

释 义　是指在部队可用的装载点建立前,重新部署的来自原部队的装备。

3.3　装备维修供应活动术语

3.3.1　Supply　补给 供应

释义　是指补给品的采购、分发、储存时的保养以及废品处理等,包括决定补给品的种类和数量。①生产阶段。从确定采购计划至各军种接收补给品成品为止的军事补给阶段。②消费阶段。从各军种收到补给品成品到为使用或消耗而下发补给品的军事补给阶段。

3.3.2　Supply Requirement　补给需求

释义　是指那些对于开始和持续实施作战行动不可缺少的物资需求。补给需求包括日常需求、预先计划需求和长期需求。日常需求主要保障日常行动,利用现有的资源或通过重新分配部队内部的资源来保障;预先计划需求主要保障特定任务或行动的需求,同样是利用现有的资源或通过重新分配部队内部的资源来保障;长期需求涉及特殊或高成本的物品。

3.3.3　Resupply　再补给

释义　是指为保持规定的补给品数量而再次提供储备品的行动。

3.3.4　Distribution　分配 配发 配置

释义　是指①为诸如战斗、行军或机动等目的而对部队进行的配置;②射弹围绕一点的预定分布模式,通常译为分布或散布;③使火力覆盖预期正面或纵深的预定散布;④物资的正式分发;⑤后勤系统各部门在"合适的时间"把"合适的物品"分发到"合适的地点",以支援战区作战指挥官的工作流程;⑥为军队人员分配机构、单位或职位的过程。

3.3.5　Embarkation　装载

释义　是指将人员、车辆以及其他储备品和装备置于舰船或飞机上的过程。

3.3.6 Embarkation Phase 装载阶段

释义 是指满足登陆部队岸上作战需求,有序集结人员和装备物资,以及后续物资装载上船或登机的过程。

3.3.7 Requiring Activity 请领活动

释义 是指某军事单位或指定的被保障机构在军事行动过程中查询、接收保障。

3.3.8 Distribution Management 配送管理

◆ 缩略语:DM

释义 是指同步优化和协调配送系统,以便对作战需求迅速予以及时保障的一种职能。这种系统是由各种网络(物联网、通信、信息和资源)、各种持续保障职能(后勤、人事勤务和卫勤保障)构成的复合体。

3.3.9 Distribution System 配送系统

◆ 缩略语:DS

释义 是指由一系列设施、设备、方法和操作规程构成的复合体,负责接收、储存、维护、分发、管理和控制军用物资器材从接收站点到使用机构或单位之间的流通。

3.3.10 Distribution Methods 配送方法

释义 常用的方法包括补给点配送和部队配送。

3.3.11 Supply Point Distribution 补给点配送

释义 是指接收部队在某个补给点(后方仓库、航空前进基地、水路转运点、铁路终点站、战斗辎重配置位置、配送点等)接受补给并以建制运输方式运输这些补给品的配送方法,是提供直接保障勤务的常用方法。

3.3.12　Force Distribution　部队配送

释　义　是指接收部队在其自己的地域接受补给品,而运输由发放机构提供的补给品配送方法。接收部队随后负责自己内部的配送。

3.3.13　Distribution Point　配送点

释　义　是指师级或其他部队将从担负支援任务的补给站获得的补给品、弹药进一步向下配送的机构。配送点通常不携带储备物资,获得物品要尽快全部发放下去。

3.3.14　Movement Control　运输控制

释　义　是指根据司令部确定的优先顺序,使用所属运输资产并规范运输活动的双向流程,使运输线上的物流配送同步运行,以便持续保障部队。

3.3.15　Initial Provisioning　初始供应

释　义　是指确定一种装备在使用初期为得到支援和维护而需要的物品(如备件及修理用零件、特殊工具、测试设备及支援设备等)的种类及数量的过程。此项工作包括确定所需的补给品,提供为编制目标、技术手册和定量表所需的资料,以及为确保在发放成品的同时发放必要的支援性物品而草拟指示等阶段。

3.3.16　Replenishment Systems　补充方式

释　义　是指为被保障部队提供补给品的方式,通常根据补给品的可用程度和配送能力来选择,包括请领式和前送式两种方式。其中,前者由消耗者递交有关保障请求,请领式通常不基于需求预测提供保障,快速反应能力较弱;后者则需要战斗勤务保障要素将申请文件与基本携行量、储备目标进行比较,然后向部队提供现有数量与预期数量之差的补给品。

3.3.17　Army Pre – positioned Stocks　陆军预置预储

◆ 缩略语：APS

> 释　义　是指陆军支援司令部负责维护、统计和管理陆军部总部所拥有的作战装备和物资,以及人道主义任务库存品,它们从战略上分布于全球以地面为基地和以海洋为基地的位置。

3.3.18　Logistics Replenishment　后勤补给

◆ 缩略语：LOGREP

> 释　义　是指对战斗群和战斗部(分)队进行的再补给。由指挥官根据作战需求、部队位置、距离上次补给间隔时间以及需求的紧迫性而定。

3.3.19　Afloat Support　海上支援 海上补给

> 释　义　是指在港口区域外对航行中或锚泊中的作战部队提供燃料、弹药和补给品的一种后勤支援方式。

3.3.20　Automatic Supply　自动补给

> 释　义　是指无须使用单位申请而在预定时间内自动运送或拨发某些所需补给品的制度,补给量根据估计或经验确定。

3.3.21　Main Supply Route　主要补给线

> 释　义　是指在作战地域内指定的供保障行动的大部分车辆行动的一条或多条路线。

3.3.22　P – day　供需平衡日

> 释　义　指某项供应品的供应量与武装部队对该项物品的需求量持平的起始日期。

3.3.23　Reorder Cycle　再订购周期

> 释　义　是指连续两次订购(采购)行动之间的间隔时间。

3.3.24　Short Supply　供应短缺

释义　是指某一物品在某一特定时期内现有的库存总量及预期可收到的数量少于该时期的预计总需要量时,即为供应不足。

3.3.25　Salvage Operation　回收作业

释义　是指①回收、后送及修复盟军或敌军已损伤的、报废的、不适用的或废弃的军用物资、舰艇和水上装备,以便重新使用、修理、重新装配或拆卸;②海军回收处理作业,包括港口与航道的清理、潜水、危险拖曳与救援拖曳等勤务,以及打捞抢救在近海区沉没的或在其他地点搁浅的物资、舰艇和水上装备。

3.3.26　Intermodal Operations　联运作业

释义　是指采用多种运输方式(空中、海上、公路、铁路)和运输工具(卡车、驳船、集装箱、货盘等),使部队、补给品和装备顺利通过远征进入站点和专用运输枢纽网络,以便持续保障部队的过程。

3.3.27　In-transit Visibility　在运可视性

◆ 缩略语:ITV

释义　是指各类军事行动中,对国防部所属部队建制成套装备、非部队建制成套物资(不包括散装油料、石油和润滑油),以及乘客、病人和个人财产从始发地到接收地或终点站之间的身份、状态和所在位置进行跟踪监视的一种能力。

3.3.28　System Support Contract　系统保障合同

释义　是指由军种采办计划办公室授予的预有安排的应急合同,根据合同规定提供海外野战保障、维修保障,以及个别情况下对指定武器与保障系统提供第九类补给品保障。

3.3.29　Theater Support Contract　战区保障合同

释　义　是指由部署到某作战地域的合同保障官授予的某类应急合同。

3.3.30　Reorder Point　再次申请节点

释　义　是指战斗勤务保障部队必须提交申请才能维持储备目标的节点,为安全补给天数、再次申请处理天数与运输天数之和。

3.3.31　Terminal Operations　终端作业

释　义　是指人员的接收、管理和集结;货物的接收、临时储备和编组,舰船或飞机的装卸货,货物和人员登记以及向目的地的前送。

3.3.32　Throughput　吞吐量　通过量

释　义　是指每日可以通过港口、机场(从港口、机场装载到舰船和飞机上,或从舰船和飞机卸下并运出)的货物和人员的平均数量,通常用吨、人员数量来表示。

四

装备维修保障资源术语

4.1 信息系统术语

4.1.1 Global Combat Support System
全球作战保障系统

◆ 缩略语：GCSS

释义　是美军"全球作战指挥控制系统(Global Combat Command & Control System,GCCS)"的分系统,美国参谋长联席会于1992年在联合作战理论牵引下,建设的新一代基于全球信息栅格(GIG)的保障信息系统,目的是实现后勤数据与作战和情报数据的真正融合,提供包括战略、战役(战区)和战术级的物资补给、交通运输、医疗、人事、财务、工程、维修等方面的综合后勤信息,实现运输、供应、维修等各类作业、保障、管理、指挥的自动化和网络化,成为一体化联合作战后勤保障的根本保证。全球作战保障系统由联合参谋部后勤部集中管理,由各军种和作战保障机构分别实施[1]。

4.1.2 Global Combat Support System – Army
全球作战保障系统陆军分系统

◆ 缩略语：GCSS – Army

释义　是美军"全球作战保障系统"的陆军分系统。由"陆军企业信息系统项目执行办公室"(PEOEIS)负责研发。该系统终端直接布设到作战部队、维修机构等单位的各个库房、车辆调配场、维修工厂、仓库等,有效整合了美国陆军保障流程,可提供物资管理信息与战备状况,随时查看补给、维修、财务等信息。

2015年,陆军全球作战保障系统取代了标准陆军零星供应系统(Standard Army Retail Supply System,SARSS),2017年12月,该系统取代增强型基层级资产订购与供应系统(Property Book Unit Supply Enhanced,PBUSE)和增强型标准陆军维修系统(Standard Army Maintenance System – Enhanced,SAMS – E),已经覆盖至陆军几乎所有指挥部、部队供应点、野战维修活动和资产订购办公室约

---

[1] J4 Projects Global combat Support System [Z/OL]. http://www.gcss.jsj4.com/projects/gcss/gcss.html。

140000名用户①。

4.1.3 Global Combat Support System – Marine Corps
全球作战保障系统海军陆战队分系统

◆ 缩略语：GCSS – MC

释　义　　是美军"全球作战保障系统"的海军陆战队分系统。也是海军陆战队目前正在开发的唯一的企业资源规划系统。该系统提供了供应和维修领域的一体化保障功能，覆盖零售级和批发级供应保障、维修、仓储管理、运输、财务、工程、卫勤、采办与人力资源管理等业务领域，能够向驻扎美国本土和海外的海军陆战队部队提供实时、准确的保障信息，提升美国海军陆战队的后勤、供应链规划、采办和维修保障服务现代化水平，提高向世界范围内部署的海军陆战队运输、分配物资的能力。

4.1.4 Global Combat Support System – Air Force
全球作战保障系统空军分系统

◆ 缩略语：GCSS – AF

释　义　　是美军"全球作战保障系统"的空军分系统。始于1989年的基地级系统现代化（Base Level System Modernization，BLSM）计划，该系统将640多个自动化保障信息系统集成到GCSS – AF体系结构框架中，覆盖包括维修、保养、供给和运输等在内的十几个保障功能领域，主要包括：空军设备管理系统（AFEMS）、综合维修数据系统（IMDS）、吊舱可靠性可用性维修性（RAMPOD）、可靠性与维修性信息系统（REMIS）、作战弹药系统（CAS）、增强维修操作中心（EMOC）、飞机结构完整性管理信息系统（ASIMIS）、综合后勤系统 – 供应（ILS – S）、货运操作系统（CMOS）、自动后勤管理支持系统（ALMSS）、产品管理控制系统（IMCS）、购买请求过程系统（PRPS）、储备控制系统（SCS）、需求管理系统（RMS）、基地维修系统集成（DMSI）、基地维修会计和生产系统（DMAPS）、综合发动机管理系统（CEMS）、综合导弹数据库（IMDB）、空军分配标准系统（AFDSS）、增强技术信息管理系统、武器系统管理信息系统（WSMIS）等。

---

① Deaton M K. GCSS – Army：The future of Army logistics. U. S. Army［Z/OL］. （2016 – 10 – 27）https：//www. army. mil/article/176893/gcss_army_the_future_of_army_logistics。

4.1.5　Support System　保障系统

释义　指进行装备保障的所有资源,包括保障与测试设备、供应保障、运输与搬运、技术数据、设施、受过训练的人员等。

4.1.6　Joint Defect Reporting System　联合缺陷报告系统

◆　缩略语:JDRS

释义　是一个跨海军、陆军、空军、海军陆战队、海岸警卫队和国防部国防合同管理局的自动化跟踪系统,可以对来自作战人员的缺陷报告启动、处理和跟踪。目的是能够对设计、研制、采购、生产、供应、维修、合同管理和其他职能反馈质量数据,以便启动产品质量缺陷的纠正和预防措施行动[1]。该系统根据美国防部国防后勤局条例 DLAR 4155.24 规定,建立产品质量缺陷报告(PQDR)制度,加强对装备全寿命周期故障和缺陷的监控和管理,提高装备的可靠性和作战效能,为复杂装备的缺陷报告和方案管理提供了通用的、无缝的解决方案。

4.1.7　Remote Diagnosis Server　远程诊断服务器

◆　缩略语:RDS

释义　由美国国防部和美国国家航空航天局资助,Qualtech 公司(Qualtech Systems, Inc.)研发,被认证为美国国防部"先进概念技术演示"(Advanced Concept Technology Demonstration,ACTD)中"远程维修"的解决方案。远程诊断服务器建立在三层结构之上,能对来自不同远程系统的多重并发故障诊断任务提供支持,是一种连续在线实时故障监测隔离系统,能够提供自动系统运行状况评估、故障隔离以及交互式测试和维护。系统的高级诊断模型,由网络分系统中的嵌入式传感器组成,其中网络分系统负责把数据传输至监控中心,可对诸如国际空间站之类的复杂系统进行远程监视和诊断。

4.1.8　Telemaintenance Support System　远程维修保障系统

释义　远程维修是通过维修人员与远方人员或信息源之间的资料

---

[1]　DLAR(JP)4155.24. Porduct Quality Deficiency Report Program[Z]. Washington,DC:U.S. Government Publishing Office,2018。

或信息的电子传输,以便现场维修人员根据装备远程实时传输的信息,在装备执行任务返回之前,及时准备好维修用的备件和工具,或现场接受维修培训。在后方基地,通过信息传输系统,使前方维修人员能从后方获得技术指导和维修信息。远程维修的优点是在前方抢修人员与后方保障基地间提供无线音频、视频信号及数据通信;系统接通后,使用者还可拨号进入士兵支援网,快速获得有关维护和修理方面的音频、视频数据,保证在第一时间高质量完成修理任务,降低对培训的要求,从而显著减少装备修理时间和停用时间,提高装备的战备完好性,降低使用与保障费用。

目前,已经研制成功的远程维修保障系统包括远程维修助手(RMA)、含远程维修(Telemaintenance)的陆军诊断改进方案(ADIP)、可穿戴式计算机系统、印第安战斧(Tomahawk)、远程技术辅助系统(RTAS)等,可在修理人员和专家间提供双向视频、音频信号,有效提高了一线部队维护和修理能力。

4.1.9　Logistics Modernization Program　后勤现代化项目

◆ 缩略语:LMP

释　义　　是美国陆军高度集成的供应链、维修、修理和大修计划和执行方案之一。基于系统分析程序开发(Syetem Analysis Program Development, SAP)的商用货架企业资源规划技术,集成了从武器制造到长期供应计划的所有功能,管理和跟踪送至用户的订单和装备,显著提升了陆军修理基地的自动化水平,陆军装备司令部总部、陆军装备司令部下属的寿命周期管理司令部、陆军保障司令部和国家维修纲要(National Maintenance Program,NMP)近几年都陆续使用了后勤现代化项目[①]。

4.1.10　Standard Army Retail Supply System　标准陆军零星供应系统

◆ 缩略语:SARSS

释　义　　标准陆军零星供应系统是一种多梯队供应管理和库存管理系统,为美国陆军零星层级提供库存控制和供应管理,为后勤信息数据库提供

---

① 2003年通信与电子设备寿命周期管理司令部和托比汉纳陆军装备修理基地使用后勤现代化项目,2009年AMCOM航空与导弹寿命周期管理司令部以及科珀斯克里斯蒂陆军装备修理基地、莱特肯尼陆军装备修理基地开始使用后勤现代化项目,2010年坦克与机动车辆寿命周期管理司令部、联合弹药与致命武器寿命周期管理司令部和陆军保障司令部开始使用后勤现代化项目。

与供应相关的数据。美军野战部队通过标准陆军零星供应系统(Standard Army Retail Supply System,SARSS)提出维修备件使用申请。

4.1.11 Standard Army Maintenance System – Enhanced
增强型标准陆军维修系统

◆ 缩略语：SAMS – E

释　义　　由负责后勤信息系统的项目办公室开发。该系统取代美国陆军各设施维修机构、后勤处和装备修理机构现有的标准陆军维修系统、设施/编配与装备数量表。系统优化了某些功能的重复程序,提供核实操作员资格、发送装备、实施预防性维修检查与保养,保留服务信息与故障记录。主要配置在野战修理组、战斗修理组、前方保障连、野战维修连、部件修理连、保障维修连、旅保障营、战斗支援保障营、独立营,以及更高层次装备管理机构。

4.1.12 Army Workload and Performance System
陆军工作和绩效系统

◆ 缩略语：AWPS

释　义　　美国陆军装备维修管理信息系统,具备维修能力、人事经费、绩效信息和工作安排等基本功能,主要用于工作规划、可追溯至武器系统维修、基地运行或生产、员工维修能力、武器系统数量、成本预计、年度直接人力工时及计划等管理。

4.1.13 Maintenance and Materiel Management System
维修与器材管理系统

◆ 缩略语：3M

释　义　　是美国海军舰员级所用的一种维修管理辅助系统,主要包括"计划性维修系统""维修数据系统"和"新一代舰员级维修管理系统"等功能模块,能够为舰上和岸上维修部门提供所有舰载系统和设备的维修计划、维修进度安排、维修行动控制和维修实施方法等管理。

4.1.14　Ship Integrated Condition Assessment System
舰船综合状态评估系统

◆　缩略语：SICAS

释　义　　是以 Windows NT 为基础的数据收集、分析和存储系统，主要用于监测并评估设备的运行状态，诊断设备的异常行为以及预测设备的运行趋势和使用寿命。系统可以通过陆地网络或卫星与岸基美国海军维修数据库相连，以实时接收舰艇状态数据，为海军岸基的保养规划提供参考，主要包括在线评估、信息传输处理、对比预测等功能，能够将各种参数与设计值进行比较，对性能和效率进行评估，显示设备运行的老化曲线图，在发生重大事故之前，通过隔离老化设备的方式，及时规划维修任务。

4.1.15　Naval Aviation Maintenance Support Data System
海军航空维修保障数据系统

◆　缩略语：NAMSDS

释　义　　主要为海军航空维修部门提供数据支持和管理的工具，由维修数据报告、子系统能力影响报告、器材报告和飞机利用率报告等功能模块组成。维修人员或维修小组在完成维修工作后，填写标准格式的维修工作表（MAF）或工作卡，将对维修工作的叙述性描述通过维修数据报告转换为编码信息并采用标准格式形成文件。这些文件被上传到海军航空兵后勤司令部管理信息系统（Naval Aviation Logistics Command Management Information System，NALCOMMIS）[1]和用于后勤分析与技术评价的决策知识规划系统（Decision Knowledge Programming for Logistics Analysis and Technical Evaluation，DECKPLATE）[2]，并形成分析报告，全面掌握维修工作的性质、数量和质量；根据飞机或设备完成任务的能力对维修工作进行分类，当维修中发现特定系统或子系统影响该设备的任务能力时，维修人员就会记录相关设备的完成能力代码；用于监控可修复零件的流量，对维修与器材进行协同管理，并

---

[1]　NAVY：Aviation Maintenance Administrationman［EB/OL］. https://www.careersinthemilitary.com/career-detail-service/N/0124.00/AZ,2019。

[2]　NAVAIR 6.8.4 Naval Aviation Logistics Data Analysis System Integrated Data Environmen（NALDA IDE）。

监控完成维修工作所需的器材供应及费用;通过海军航空记录子系统(Naval Aircraft Flight Records System,NAVFLIRS)(OPNAV3710/4)报告飞机利用率情况。

4.1.16 Corrosion Control Information Management System
腐蚀防控信息管理系统

◆ 缩略语:CCIMS

释义 是舰艇全寿命周期腐蚀评估、监测、防护和控制的综合信息管理系统。主要包括分析预判、情况预警、决策制定、维修执行、腐蚀监测等功能,不仅可以管理各舱室和空舱的腐蚀状况,也可以用来监控通海阀门、舵、传动装置、通风室和舰载机弹射与回收系统的腐蚀状况。海军管理部门和部队可通过此系统上传、查看舰艇的腐蚀评估报告,分析并制定标准化的腐蚀防护及维修任务,针对舰艇上不同系统设备的具体腐蚀状况,制定详细的全寿命周期腐蚀检验、控制和维修计划。

4.1.17 Electromagnetic Consolidated Automatic Support System
电子综合自动化保障系统

◆ 缩略语:eCASS

释义 是美国海军21世纪自动测试系统(ATS)的典型系统,用于保障 AV-8、E-2D、EA-18G、F/A-18、F-35、H-1 和 V-22 等飞机搭载的航空电子设备和武器系统。eCASS 能够使美国海军维修人员在舰上/岸上使用该系统对海军多种飞机电子部件进行故障检查与维修,极大地提高作战飞机的战备完好性。

4.1.18 Marine Air-Ground Task Force Deployment Support System Ⅱ
陆战队空地特遣部队部署支持系统 Ⅱ

◆ 缩略语:MDSS Ⅱ

释义 海军陆战队用于支持空地特遣部队的数据库,包括部队和装备数据。

4.1.19　Marine Air – Ground Task Force Ⅱ　陆战队空地特遣部队系统Ⅱ

◆ 缩略语：MAGTF Ⅱ

释　义　　海军陆战队空地特遣部队计划人员用于选择和灵活确定空地特遣部队结构、评估持续保障可行性、判断计划可行性的空运、海运需求系统。

4.1.20　Marine Air – Ground Task Force Ⅱ/Logistics Automated Information System　陆战队空地特遣部队系统Ⅱ/后勤自动化信息系统

◆ 缩略语：MAGTF Ⅱ/LOGAIS

释　义　　海军陆战队空地特遣部队组织协调和提供支持的自动化系统。能够计算持续保障需求，处理来自国防自动寻址系统、国防后勤局和陆战队后勤基地的各种申请，跟踪资产的可用性。

4.1.21　Expeditionary Combat Support System　远征作战保障系统

◆ 缩略语：ECSS

释　义　　由Oracle公司的电子商务软件开发，是空军21世纪信息化保障系统的重要组成部分，用于替换空军250个老的保障与采办系统，在一个平台上全面集成订单管理、采办管理、库存管理、供应分发管理、财务管理以及空军其他业务功能，能够为美国空军保障人员提供业务支持，实现空军保障业务管理工作的全面现代化，实现全资产可视能力。远征作战保障系统与400多个各层级后勤信息系统进行集成，涵盖产品保障与工程、补给链管理、远征后勤指挥与控制，以及维护、修理与大修等13个保障功能。

4.1.22　Autonomic Logistics Information System　自主保障信息系统

◆ 缩略语：ALIS

释　义　　是F-35战斗机后勤保障的关键系统，供F-35战斗机维修人员、飞行员、供应人员和数据分析人员使用，提供使用规划、维修、供应链管理、培训、用户支持服务、技术数据、系统安全和外部接口等功能,解决预防性维修和供应链问题、实现后勤保障程序自动化,并为降低寿命周期持续保障费用和改进战备完好性提供决策支持。

4.1.23 Integrated Maintenance Information System 综合维修信息系统

◆ 缩略语:IMIS

释义 是一种适用于外场维修需要的综合信息系统,通过为飞行线上的维修技术人员提供全面的集成化信息来改进维修人员及其组织的行为能力[1]。IMIS 能够将交互式电子技术规范(TOs)、动态诊断、维修数据采集、飞行数据、后勤支持及其他在计算机网络中的有关信息有机地集成起来,可使维修人员在统一的界面下实现上述信息的实时数据采集(Maintenance Data Collection)、处理和使用,这类系统已经广泛应用于 B-2 轰炸机、F-22、F-15、F-16 战斗机、E-8 预警飞机和 C-17 运输机等,并逐步向其他武器系统扩展应用。

目前,美军 F-22 战斗机上装备的"综合维修信息系统"是美国空军最先进的诊断系统,包括便携式维修辅助装置(PMA)、中队级维修保障中心(SLMSC)和维修工作站(MWS)等[2]。系统采取离线传输方式,将"数据传输卡"安装在座舱中,记录飞行数据,飞行结束后,飞行员把"数据传输卡"交给维修人员,由维修人员在"综合维修信息系统""维修工作站"的计算机上进行分析。工作站将确定在任务过程中出现的特定故障或零件失效情况,根据故障原因提出维修方案建议,工作站还可以与"哈尼维尔数据设备"(一种便携式维修辅助设备)建立连接,从而将已确定的故障和维修方案通知给维修人员。随后,工作站将订购所需备件,并对维修工作进行规划。

4.1.24 Portable Maintenance Aid 便携式维修辅助装置

◆ 缩略语:PMA

释义 是一种配备给现场维修点使用的、可移动的计算机设备,通常包括 1 台小型计算机和显示器。其典型功能包括:技术数据显示、故障隔离

---

[1] LINK W R,Von Holle J C,Hason D. Integrated Maintenance lnformation System(IMIS) - A Maintenance Information Delivery Concept[R]. AD - A 189355。

[2] Garth Cooke,Jemigan. lntegrated Maintenance Information System Diagnostic Module(IMIS - DM) ver 5.0[R]. AD - A237244。

和修理指导、零部件查询和订购、维修文件编制和分析、状态监控、故障预测、数据输入和下载,以及对预诊断工作进行审查[①]。

4.1.25 Squadron – Level Maintenance Support Center 中队级维修保障中心

◆ 缩略语:SLMSC

释 义 美国空军的装备维修保障信息系统,主要用于分析诊断数据,查找、分析故障原因,提出解决措施,通常留在主基地使用。

4.1.26 Maintenance Work Site 维修工作站

◆ 缩略语:MWS

释 义 美国空军用于维修的计算机系统,属于综合维修信息系统的核心,外部配有经过加固的箱子,可以快速部署使用。

4.1.27 Core Automatic Maintenance System 核心自动化维修系统

◆ 缩略语:CAMS

释 义 是美国空军的联队级自动化维修管理信息系统,20世纪80年代,在原"维修管理信息与控制系统"(Maintenance Management Information and Control System,MMICS)的基础上改进,主要包括发动机综合管理、自动测试设备报告、通信电子设备状况和统计报告、维修事件、训练报告、位置管理、岗位数据记录、状况和实力报告、使用事件、检查和定时更换、技术通报、装备移交、维修人员、训练管理、维修/供应接口、飞行后讲评、飞机表格、产品质量缺陷报告、维修生产控制、进度安排、飞机技术状态管理等分系统。该系统将飞行大队和后勤大队的维修机构以及管理机构联为一体,并与基地级的信息系统互联,实现维修计划、维修数据记录、器材备件申请、飞机状态控制等工作自动化管理。

[①] AFI 21 – 101,Aircraft and Equipment Maintenance Management[Z]. Washington,DC:Air Force Pentagon,2020。

四 装备维修保障资源术语

4.1.28 Maintenance Training System 维修训练系统

◆ 缩略语：MTS

释 义　美国空军的交互式维修训练系统。主要是将真实系统实物模型上进行的训练、交互式教室训练、机场维修工作区在职训练与"综合维修信息系统"（IMIS）结合在一起。

4.1.29 Enterprise Data Warehouse 业务数据仓库

◆ 缩略语：EDW

释 义　也称"空军企业级数据仓库"（Air Force Enterprise Data Warehouse,AF EDW）。该数据仓库始建于2001年,主要用于评估飞机战备状态,监测飞机配置,分析单架飞机历史飞行资料,提供飞行预测,帮助指挥官更准确地掌握可用于部署的飞机情况①。

4.1.30 Enhanced Diagnostics Aid 增强型诊断助手

◆ 缩略语：ENDA

释 义　由主机和接口电缆装置组成,主要用于对飞机进行状态诊断,能够从坠毁库存飞行数据记录器（CSFDR）与模拟/数字飞行控制系统上下载特定的飞行数据信息,还可对CSFDR防滑制动系统以及ALR–56M电子战系统进行诊断②。

4.1.31 Central Integrated Test System 中央一体化测试系统

◆ 缩略语：CITS

释 义　是装备在B–1B轰炸机上的一种诊断测试系统,可从飞机上的36个系统中采集参数数据,并对这些数据进行处理,以确定是否发生了故

---

① Teradata Magazine. UNITED STATES AIRFORCE Governing the military supply chain all [Z/OL]. http://assets.teradata.com/。

② F–35 logistics system to be reinvented[EB/OL]. https://www.f–16.net/forum/viewtopic.php?f=60&t=56559&start=15。

障。此外,该系统还可确定分系统、外场可更换单元、车间可更换单元的故障,并能通过视频设备显示故障信息,并进行进一步分析。

4.1.32 Reliability and Maintainability Information System 可靠性与维修性信息系统

◆ 缩略语:REMIS

释 义 是美国空军收集、处理装备维修信息的主要数据库,同时也是美国国防部后勤信息管理保障系统(Defense Logistics Information Management Support System,LIMSS)的一个组成部分,用于向各级装备管理部门提供准确的、接近实时的数据,保障空军的整个装备维修工作,提高武器系统的完好性。它采用分布式处理技术,按装备或主要设备类别(如发动机)建立数据库结构。

"可靠性与维修性信息系统"是飞机、发动机、导弹、教练机、备件、自动测试设备、通信电子设备、选定的保障设备、弹药,以及精密测量设备实验室的数据集中来源,可在线提供近实时的可靠性与维修性数据。

4.1.33 Integrated Vehicle Health Management 飞行器综合健康管理系统

◆ 缩略语:IVHM

释 义 美国空军对航空装备健康状况进行综合管理的信息系统,能够对航空装备各子系统进行故障监测、故障诊断、影响评估、故障预测等。

4.1.34 Prognosis and Health Management 故障预测与健康管理系统

◆ 缩略语:PHM

释 义 是对复杂系统进行机内测试(Built-In Test,BIT)和状态监控的信息系统,主要包括增强诊断、状态管理和预测等功能,能够识别和管理故障的发生、规划维修和供应保障,主要目的是降低使用与保障费用,提高装备系统安全性、完好性和任务成功性,实现基于状态的维修和自主式保障。

4.1.35　Failure Report, Analysis & Corrective Action System
　　　　故障报告、分析和纠正措施系统

◆　缩略语：FRACAS

　释　义　　是美军型号产品研制生产过程中的信息系统,主要针对实际发生的故障信息进行闭环式质量追踪和管理。该系统利用"信息反馈,闭环控制"的原理,通过一套规范化的程序,及时报告产品的故障,分析故障原因,制定和实施有效的纠正措施,防止故障再现,改善其可靠性和维修性,促进可靠性增长,提高产品质量。系统开发了大量的计算机辅助设计软件,运用数学方法进行分析,如故障树分析、失效机理分析及统计分析等,能够节约时间,提高效率,保证分析结果的有效性。

4.1.36　Intermittent Fault Detection and Isolation System
　　　　间歇性故障检测和隔离系统

◆　缩略语：IFDIS

　释　义　　是一种专门用于检测间歇性故障并对故障部分进行有效隔离的系统。主要组件包括：间歇性故障测试器、振动台、环境仿真柜和接口测试适配器等,能够同时对数千个电路进行独立、持续跟踪；探测和记录所有超过 $50\mathrm{ns}(5 \times 10^{-8}$ 秒$)$ 的电路不连续状态；能够创造类似实际飞行环境的各种条件；对检测到的开路、短路和错误布线电路进行隔离。

4.1.37　Maintenance Expert System　维修专家系统

◆　缩略语：MES

　释　义　　是指用于装备维修的计算机应用程序。该系统可将有关的知识和规则以适当的形式存入计算机,建立知识库,然后采用合适的控制策略,按输入的原始数据选项,进行推理、演绎,做出判断和决策,并能根据用户的要求显示出判断、决策的过程。

4.1.38　Augmented Reality Maintenance Guidance System
　　　　增强现实维修引导系统

◆　缩略语：ARMGS

　释　义　　是美军增强现实维修的典型产品,主要用于复杂大型军事装备机电系统的维修引导培训系统,能够利用 AR 技术对维修过程中的检测数据、操作步骤等复杂、多样化信息进行"增强"显示,以实现辅助美军维修人员进行故障检测和维修操作的目的。2009 年,美军研发了 LAV–25A1 式装甲运输车炮塔增强现实维修原型系统[1],运用增强现实技术、交互式电子技术手册(Interactive Electronic Technical Manual,IETM)技术和故障辅助推理技术等,实现了故障检测、维修培训、现场离线辅助维修和远程实时指导维修等功能,大幅提高了维修效率。

2015 年,美国国防部组建的数字化制造和创新机构,将基于 AR 和可穿戴设备的生产车间布局作为研究的重点。通过互联网技术将远程云端的模型、设计图纸、实物及专家维修方案等信息实时共享,实现了异地多人实时交互。

---

[1] HENDERSON S J, FEINER S. Evaluating the Benefits of Augmented Reality for Task Localization in Maintenance of an Armored Personnel Carrier Turret[C]//Science & Technology Proceedings, 8th IEEE International Symposium on Mixed and Augmented Reality 2009, ISMAR 2009, Orlando, Florida, USA, October 19–22, 2009. IEEE, 2009。

4.2 维修设施术语

4.2.1 Activity 单位 机构 设施 职能 任务 行动 活动

◆ 缩略语：ACT

释 义 是指①行使某种职能或执行某项任务的单位、机构或设施，如接待站、调配站、海军站、海军船厂等；②职能、任务、行动或一组活动。可结合上下文译为维修保障机构、维修保障设施、维修保障活动等。

4.2.2 Facility 设施

释 义 是指用于军事用途（包括装备维修保障）的楼房、建筑物、公用系统以及路面、地基等不动产。

4.2.3 Installation 固定设施、永久性设施

释 义 是指位于同一区域内支援特定任务的一组设备、设施，通常是基地的组成部分。

4.2.4 Installation Materiel Maintenance Activity 固定装备维修机构

◆ 缩略语：IMMA

释 义 是指列入编制表的维修机构，能够在一个或多个固定地点运行，目的是为部队提供各种支援维修保障。

4.2.5 Military Construction 军事设施

◆ 缩略语：MILCON

释 义 是指属于某一军种部部长管辖的基地、兵营、哨所、兵站、仓库、中心或其他机构，或者是在某军种部部长或国防部长的作战控制之下的设在国外的机构。

4.2.6 Infrastructure 永久性设施

释 义 是指用于支援、重新部署军事力量实施作战行动的建筑物和

永久性设施,如兵营、司令部、机场、通信网站、设施、仓库、港口设施和维修站等。

4.2.7 National Infrastructure 国内永久设施

释义 是指北约成员国自费在其本国领土上建立的、专供本国部队(包括指派或拨配给北约的部队)使用的永久性设施。

4.2.8 Installation Complex 综合设施

释义 是指美国空军部队所属陆地及相关设施的结合体,由一项主要设施以及为其提供直接支援的或接受该设施支援的非邻近单位组成(如辅助机场、辅助设施和导弹发射场等)。综合设施可能包括两个或两个以上单位,如一个主要设施、一个附属设施或一个支援站,各自配备相应的辅助设施或支援单位。

4.2.9 Minor Installation 次要设施

释义 美国空军用语,由至少为中队规模的空军现役、后备役或国民警卫部队管理的设施,但尚达不到主要设施的所有标准。此类设施包括空军站、航空站、空军后备役站和空军国民警卫队站。次要设施亦包括设在民用机场的现役、后备役或国民警卫队飞行调度室等。

4.2.10 Base 基地

释义 是指拥有提供后勤支援或其他支援设施的地点或地区。

4.2.11 Bare base 简易基地

释义 是指拥有最低限度基本设施以便提供住宿及维持和支援作战行动的基地。

4.2.12 Defense Industrial Base 国防工业基地

◆ 缩略语:DIB

释义 是指国防部、政府部门和相关私营企业在全球范围内负责研发、设计、生产和维修军用武器系统、子系统、组件或零配件以满足军事需求的工业综合体。

4.2.13　Base Operating Support　基地运行保障

◆　缩略语：BOS

释　义　是指直接协助、维持、供应和分配基地部队的保障。

4.2.14　Base Operating Support – Integrator　基地运行保障主管

◆　缩略语：BOS – I

释　义　是指负责协同某一应急基地所有保障职能的指定军种组成部队指挥官或联合特遣部队指挥官。

4.2.15　Base Cluster　基地群

释　义　是指按地理位置集中配置的一组基地。

4.2.16　Joint Base　联合基地

释　义　是指为实现基地防御作战的目标,两个或两个以上的军种部发起作战行动或接受作战支援的地点,该基地由两个或两个以上军种部的重要单位加以控制,或者有两个或两个以上军种部的重要单位驻扎在此。

4.2.17　Depot Maintenance Activity　基地级(支援级)维修机构

◆　缩略语：DMA

释　义　是指为实施武器系统、装备和组件的基地维修而建立的工业类设施。该术语包括国防部设施和商业合同商。

4.2.18　Area Maintenance Support Activity　区域维修保障机构

◆　缩略语：AMSA

释　义　是指按保障区域,向部队提供技术支援和部队维修保障的机构。

4.2.19　Missile Assembly – Checkout Facility　导弹组装与测试设施

释义　是指位于导弹发射地点附近,供导弹系统最后组装与测试用的建筑物、特种车辆或其他类型的建筑。

4.2.20　Facility Substitutes　设施代用品

释义　是指诸如帐篷和预包装结构之类的物品,通过供应系统征用,可用于代替建造的设施。

4.2.21　Common Use　通用或共用

释义　是指美国防部某直属局或某军种部,按指令统一为国防部两个或两个以上的直属局、分支机构或其他单位提供的勤务、物资或设施。

4.2.22　Assembly Area　装配区

释义　是指在补给设施内,用以集中零部件并将其组装成完整装置、成套备件或组件的地方。

4.2.23　Production Shop Category　修理线(修理车间)类别

◆ 缩略语:PSC

释义　是指按照武器系统、装备或产品类型修理,或按其他保障类型划分的一组修理线或修理车间。

4.2.24　Shop　修理线(修理车间)

释义　是指包含一个或多个执行基地级维修工作工序的维修中心、功能性维修群或资源保障群。

4.2.25　Work Station　工序

释义　是指在维修能力指标计算过程中,需要对维修流程和维修职能进行单独分析的设备,或工艺位置的最底层。通常包括一个或多个工位。

4.2.26　Work Position　工位

释　义　是指一名直接维修人员为完成指定的全职工作而占用的指定数量的空间和设备。如果维修人员需要移动到其他地点完成分配的任务,那么一个工位就可能包括一个以上的地点。

4.3 装(设)备术语

4.3.1 Support Equipment 保障装(设)备

◆ 缩略语：SE

释义　是指用于装备保障的所有附属和相关的机动或固定装(设)备，通常包括空调、发电机、地面搬运与维修设备、测量工具、校准设备、带有诊断软件的测试设备及自动测试设备等。

4.3.2 Associated Support Items of Equipment 保障装(设)备

◆ 缩略语：ASIOE

释义　是指用于保障制式装备的使用、维修和运输所需的装(设)备。保障装(设)备被列入所保障装备的基本配发计划，具有自己的列装编号，并在编制装备表/陆军垂直授权与备案系统(VTAADS)中单独备案。

4.3.3 Armored Recovery Vehicle 装甲抢修车

◆ 缩略语：ARV

释义　是指在野战条件下对受损和故障坦克或装甲车辆实施拖救、抢修、牵引的保障车辆，通常配备有抢救、起吊、牵引、拆装等设备，可以携带诸如坦克发动机、履带等大型消耗性设备或零部件。能够将故障或损伤装备拖至安全地带或修理场所，利用其起重设备进行大件的换件修理，并与重装备平板运输车配套使用，执行重损装备的后送任务。目前，美军使用较多的装甲抢救抢修装备主要有：M113系列抢救抢修车、M88系列装甲抢修车(ARV)、"艾布拉姆斯"抢救车、LAY-150/300装甲抢救车等。

4.3.4 Forward Repair System–Heavy 重型前方修理系统

◆ 缩略语：FRS-H

释义　由美国陆军军械中心和阿伯丁试验场联合研制，1993年投产，主要用于在装备故障地点和部队维修集中点(Unit Maintenance Collection

Point,UMCP)的旅保障区等前方区域修理战场损伤的重型车辆,可装备在装甲部队、机械化步兵、工兵、炮兵、装甲骑兵和保障营中的修理装备。该车轴距为5.71米,接近角、离去角分别为42°和62°,最大行驶速度为90千米/小时。该车机动性能好,可以伴随轮式、履带式车辆作战,是美军主力野战维修装备。

FRS–H维修模块包含一个维修活动工作区和一个适合所涉及类型车辆维修工具套件的存储区,随车携带维修工具、选配件、切割和焊接装备以及少量燃料和润滑油,乘员4名,系统底盘尾部可安装一台7.5吨液压升降起重机,可用于起吊和处理车辆大型部件。外部连接器可提供由10千瓦战术无声发电机(Tactical Quiet Generator,TQG)驱动的110V或220V电源。通信系统为两个单信道地空无线电系统(Single Channel Ground and Airborne Radio(Sub)System,SINCGARS),供修理人员之间进行沟通,并配有对讲机以加快完成修理任务。

4.3.5　Shop Equipment Contact Maintenance　车间装备直接维修车

◆ 缩略语:SECM

释　义　是美军机动维修装备(Mobile Maintenance Equipment Systems,MMES)之一,用于运送能够在2小时之内完成的直升机维修任务所需的工具、装备、零部件和补给品,为损伤的陆航和地面支持装备提供野战级维修。SECM由M1079A1 P2中轻型战术车(LMTV)改装而成,总重2.5吨,包括环境控制单元、存储货架系统、电源变流器、焊接装置、内外部照明系统和一部便携式车载空气压缩机。

4.3.6　Submarine Repair Ship　潜艇修理船

◆ 缩略语:SRS

释　义　亦称潜艇母舰、潜艇维修供应舰或潜艇支援舰[1],主要伴随潜艇远航,执行修理支援勤务。船上有修理潜艇艇体、轮机、电气、管路、雷达、声呐、鱼雷、导航、潜望镜等专业修理车间,可进行潜艇艇体、核反应堆、机械设备及导弹和鱼雷等武器的应急修理。还可为潜艇补给燃料、淡水、食品、鱼雷和备品等,有的船还携带了深潜救生艇,可营救失事潜艇人员。

---

[1] 国际船舶网．潜艇维修供应舰[EB/OL]．http://www.eworldship.com/index.php? m = wiki&c = index&a = doc_detail&did = 21323．

目前,"埃默里·S. 兰德"级是美国海军规模最大,最具代表性的潜艇修理船,共建造 3 艘[1],能同时对 4 艘以上的"洛杉矶"级核潜艇提供保障,除一般维修补给品,还能吊装 MK48 鱼雷、水雷、"战斧"巡航导弹等。

该级修理船全长 196.2 米,宽 25.9 米,吃水 8.7 米,标准排水量 13840 吨,满载排水量 23493 吨,最高航速 21 节。全船包括 13 层甲板,分为 913 个隔舱,可容纳 1500 人,安装有维修设备、直升机平台等,也可为水面舰艇提供维修保障。

4.3.7　Destroyer Tender Repair Ship　驱逐舰修理船

◆ 缩略语:DTRS

释　义　　为巡洋舰、驱逐舰、护卫舰等水面舰艇提供维护修理和物资供应的辅助船。船上配置有各工种修理车间、修理设备与设施,以及材料、备品、备件、燃料、淡水、弹药、食品等各类补给品及支援设施。主要为大中型水面舰艇进行船体、机械设备、电子仪器、导弹和其他武器系统的损伤修理和紧急抢修,并进行各种物资补给,也为被修理舰艇船员提供居住、医疗和其他生活服务。其中,"黄石"级修理船满载排水量超过 2 万吨,航速 20 节,载有直升机 1 架,装备有舰空导弹、舰炮和近程武器系统,设有 60 多个修理间,携带 6 万多种零备件,各种修理技术人员 1000 多名,可同时为 6 艘导弹驱逐舰提供维护修理和物资补给等后勤支援[2]。

4.3.8　Supply Ships　补给舰船

◆ 缩略语:SS

释　义　　补给舰船主要包括海上预置舰、快速战斗支援舰、战斗储存船等。其中,快速战斗支援舰可运载 177000 桶燃料、2150 吨弹药、500 吨干货物和 250 吨新鲜物资,可满足快速舰队伴随保障需要;战斗储存船负责在途中提供从维修备件到新鲜食品和服装等各种补给品。

4.3.9　Expeditionary Support Base Ships　远征基地舰

◆ 缩略语:ESB

释　义　　是美国海军最新研制的军民两用后勤保障舰船,现已服役 3

---

[1] SUBMARINE FORCE PACIFIC. About USS Emory S. Land[EB/OL]. https://www.csp.navy.mil/emoryland/About-the-Ship/.

[2] 维基百科. https://en.wikipedia.org/wiki/Destroyer_tender.

艘,分别为"刘易斯·普勒"号(ESB3)、"赫谢尔·伍迪·威廉姆斯"号(ESB4)、"米格尔·基斯"号(ESB5)。舰长233米、宽50米、满载排水量7.8万吨,最大航速15节,飞行甲板4831平方米,拥有15个起飞点。

远征基地舰平时可作为运输船或滚装船运输物资,战时作为海上预置船或者两栖作战舰船,通过LCAC气垫登陆艇将装甲车辆和部队运输上陆。

4.3.10　Landing Ship Dock　船坞登陆舰

◆ 缩略语：LSD

释　义　用以运输和投放负载的登陆艇、两栖车辆及其乘员的舰船。船坞登陆舰可给小型舰艇提供有限的船坞存放与维修勤务。

4.3.11　Maritime Pre–positioning Ships　海上预置船

◆ 缩略语：MPS

释　义　由平民船员操纵、军事海运司令部租用的舰船,通常为前沿部署,每个预置舰中队,载有预置装备和30天的补给品,可支援1支陆战队远征旅。

4.3.12　Composite Tool Kit　复合工具套件

◆ 缩略语：CTK

释　义　是美军用于飞机维护的复合工具套件,由套件拖车携带,配有2台计算机以及双向无线电、急救箱、紧急洗消站和灭火器等设备。1辆套件拖车运载有2组复合工具套件,能够支持2个6人飞机维修班组,完成2架美军C-5运输机的维护和修理任务。复合工具套件提供一站式服务,避免了维修人员去不同的维修工具包站点排队领取维修工具,节省了维修时间。

4.3.13　Weibull Analysis Tool　威布尔分析工具

◆ 缩略语：WAT

释　义　是一种预测性的维修工具,帮助维修管理人员掌握发动机的技术状态,确定部件故障是随机出现的还是磨损发生,部件是否需要改进、替换或保留等。

4.3.14 Honeywell Data Device　哈尼维尔数据设备

◆　释　义　　由联合信号公司研制,集成了哈尼维尔公司的主机和 IBM 公司"ThinkPad's"型计算机的内部硬件,是美国空军 F-22 战斗机应用最为广泛的便携式维修辅助设备[1]。

整个设备重约 5.44 千克,使用镍氢电池,可在飞机和保障系统之间建立一个直接的通信链,主要功能包括:在 5 级交互式电子技术手册(IETM)上显示技术规程数据;进行故障隔离与维修活动监控;备件查询与定购;维修文件编制与分析;状态监控;任务飞行计划上传与飞行数据下载,控制舱门/翼面的移动,启动/关闭辅助动力装置。

4.3.15 Hammer Activated Measurement System for Testing and Evaluating Rubber　锤式激活测量系统

◆　缩略语:HAMSTER

◆　释　义　　用于船体涂层黏结情况检测的系统。该系统通过一种独特算法来实时评估每次撞击时的涂层黏结情况,从而大幅节省时间和成本[2]。

4.3.16 Common Aviation Tool System　通用航空工具系统

◆　缩略语:CATS

◆　释　义　　是美军在 20 世纪 90 年代中期推出的新型现代化航空维修工具系统,包括液压、动力总成、钣金、技术检查、通用机械、电气和电子 7 个工具套件,由航空标准工具、工业质量工具、泡沫投影箱和部件图册组成,所有工具均按照最新的航空工业标准设计,能够保障美军的两级维修需求。

4.3.17 Point-of-Maintenance System　维修点便携式保障设备

◆　缩略语:POMX

◆　释　义　　是美国空军为多种老式武器系统开发的通用便携式维修辅

---

[1] F-22 Raptor Support System [EB/OL]. 2016-01-22. https://www.globalsecurity.org/military/systems/aircraft/f-22-sys-supt.htm

[2] 美国海军官网. https://navsea.navy.mil。

助设备,由位于美国俄亥俄州赖特－帕特森空军基地(Wright – Patterson AFB)的自动识别技术(Automatic Identification Technology, AIT)项目管理办公室(Program Management Office, PMO)开发。该设备利用射频技术在其电子工具和有线/无线局域网之间建立了连接,从而可获取电子维修数据,并将数据传输到记录系统。

4.3.18　Automatic Test Equipment　自动测试设备

◆ 缩略语:ATE

释义　是指对受测单元性能退化进行自动评估,并对故障进行隔离的设备。

4.3.19　Embedded Fault Diagnosis Device　嵌入式故障诊断设备

◆ 缩略语:EFDD

释义　嵌入式诊断是提高装备测试性、维修性和提升复杂武器系统快速维修保障能力的最为简单有效的技术手段。主要功能为:实时在线监测重要部件的运行状态;记录装备重要的运行状态参数;对于部件异常状态,能够独立、集中地进行声光等多方式报警;独立进行多层次的故障诊断;进行部件运行状态趋势分析和寿命预测;与装备维修管理部门进行实时的数据交互(有线或无线方式)和故障深层分析;对某些故障模式进行自动处理,避免故障的扩大和危害的增加;与地面多种检测修理设备进行数据交互;具有自检能力。

4.3.20　General Purpose Test, Measurement and Diagnostic Equipment　通用试验、测量和诊断设备

◆ 缩略语:GP – TMDE

释义　是指不经过重要改造,就可用于或可能用于两个或多个装备或系统产品参数的试验、测量和诊断的设备。

4.3.21　Maintenance Shelter　维修方舱

释义　是指在集装箱和厢式活动房基础上发展起来的新型机动修理设备,既是修理机具与工具的储运载体,又是修理作业场所,由于具有便于运

输、使用灵活等特点,对提高部队维修保障快速部署具有积极作用。美国是在方舱领域标准最健全、技术最先进的国家,截至 2007 年年底,其涉及美军方舱的通用规范、产品规范、材料规范和试验规范等多达 70 余种①。美军研制了多种型号的维修方舱,标准化程度高,具有规格统一、标准规范、无须挂车、储运方便等优点,可用卡车、运输车、飞机、火车、轮船等运输,平时可在库内长期战备封存,管理与保养方便,能够适用于不同的维修需求。

4.3.22 Materiel Handling Equipment 物资搬运装(设)备

释 义 是指能以轻松和经济的方式搬运供应物资的机械装置。

4.3.23 Remain–Behind Equipment 后留装(设)备

◆ 缩略语:RBE

释 义 是指部队部署时留在基地的编制内装(设)备。

4.3.24 Plant Equipment 工厂装(设)备

释 义 资本性质的动产,包括设备、器具、车辆、机床、测试设备及附属与辅助物品,但不包括用于或可用于制造补给品,或用于工厂的行政管理,或作一般用途的专用工具及专用测试设备。

4.3.25 Interactive Electronic Technical Manual 交互式电子技术手册

◆ 缩略语:IETM

释 义 是指用于武器系统诊断、修理和维护的数据集成信息包,能在电子屏幕上为装备用户提供交互式显示。交互式电子技术手册是美国海军于 20 世纪 90 年代提出的概念,主要是为了解决装备技术资料数量激增、成本昂贵、体积庞大、使用不便、查询困难、维修停机时间长、更改周期长、时效性差等难题,用来代替传统的纸质文档和技术手册。

随着信息技术的发展,IETM 已成为装备保障信息化领域的关键支撑技术,采用标准化数据格式和自动化编著系统,实现技术手册的数字化、网络化和自

---

① 董春彦. 美军方舱的技术发展[J]. 方舱与地面设备,2008(1):1–7.

动化编制、更改、管理、发布和使用。未来,IETM 将与人工智能技术相结合,集成人工智能、专家系统和故障隔离功能,能自动进行故障分析和定位,提供故障信息和故障修复信息。

4.3.26　Packup Kit　维修工具箱

◆ 缩略语:PUK

释　义　　是指为直升机小分队提供的最需要的维修工具套装,包括零配件和消耗品等,保证短期部署补给,但并不包括所有维修工作所需的全部物资。

4.3.27　Built – In Test Equipment　嵌入式测试设备

◆ 缩略语:BITE

释　义　　是指用于测试的可识别和可拆卸内部设备,通常属于受测装备或组件的一部分。

4.3.28　Test,Measurement,and Diagnostic Equipment　测试、测量和诊断设备

◆ 缩略语:TMDE

释　义　　是指用于确定、隔离任何实际的或潜在故障的系统或设备,包括诊断与测试设备、半自动与自动试验设备、测试程序集(含分布的软件),以及校准、测量设备等。

4.3.29　System Peculiar Test,Measurement,and Diagnostic Equipment　系统专用测试、测量和诊断设备

◆ 缩略语:SPTMDE

释　义　　是指专门用于某一个装备、系统或设备的特有的测试、测量和诊断设备。

4.4 装备维修器材

4.4.1 Supplies 补给品

释义 是指军事单位装备、支援及维护修理所必需的所有物质和物品。

4.4.2 Federal Supply Class Management 联邦补给品分类管理

◆ 缩略语：FSCM

释义 是指物资管理工作中的那些最适于通过联邦补给品分类得到履行的职能，如编目、性能甄别、标准化、互换性、代用品编组、多种物品规格管理以及上述各项的工程保障等。

4.4.3 Classes of Supply 补给品分类

释义 美军为便于供应管理和计划，对补给品进行了分类，主要包括10大类。其中，第九类为用于装备维修的零部件，该类又包括10个小类（表4-1）。

表4-1 第Ⅸ类物资的子分类

代码	内容	第Ⅸ类物资的具体内容
A	航空装备 空投装备	主要是飞机维修备件。包括：机身、机翼、尾翼等主体机构相关零件部；起落架装置，如减振器、支柱、机轮、刹车装置、收放机构等；座椅（弹射椅）及内饰装置等
B	地面保障器材	主要包括：发电机、架桥器材、消防器材和测绘设备器材等
D	行政车辆	主要包括：车辆发动机、制动装置、车体、轴承、弹簧、轮胎、齿轮、变速箱、油箱等
G	电子维修器材	主要包括：电阻、电容、二极管、三极管、可控硅、轻触开关、液晶、发光二极管、蜂鸣器、各种传感器、芯片、继电器、变压器、压敏电阻、保险丝、光耦、滤波器、接插件、电机、天线等
K	战术车辆	主要是运输车、牵引车、拖车、半拖车等车辆维修部件，通常包括发动机、轮胎、制动装置、传动装置、数据总线、防抱死系统、变速箱、齿轮、液压传动部件、液力耦合器、钢丝绳、挡风板等

续表

代码	内容	第Ⅸ类物资的具体内容
L	导弹	主要有陆军战术导弹、"爱国者"防空导弹、多管火箭炮系统、"复仇者"导弹、"地狱火"空对地导弹等维修备件,通常包括发射箱、导弹发动机、制导装置、尾翼鸭翼、电路板、电源装置、数据总线、发电机和变压器等
M	一般武器	主要有轻武器、火炮、火力控制系统、火箭发射装置、机枪、防空武器以及空中武器子系统的维修备件,涉及的武器数量最多,种类最全,是维修备件保障的重点
N	特种武器	特指能够发射核弹的武器维修备件。主要包括起爆装置(雷管、引信)、投送装置(飞机、导弹发射器)、储存装置等维修备件
T	工业制成品（补给品）	主要是通用补给器材和维修备件,包括车间库存的一些硬件,诸如轴承、滑车、电缆、链、电线、绳索、螺丝钉、螺栓、螺帽、钢杆、印版等,还有一些有多种用途的装配器材
X	飞机发动机	飞机发动机的维修备件包括:空调、电压调节器、空气/油分离器、交流发电机、CHT仪表和探头、EGT测量仪和探头、发动机垫圈、发动机支架、发动机启动器、莱康明油泵齿轮、机油滤清器适配器、PT6A检测套件、温度探头、真空泵等

4.4.4 Accompanying Supplies 伴随补给品

释义 是指随部队一并部署的补给品。

4.4.5 Individual Reserves 单兵(单装)携行补给品

释义 是指士兵、牲畜或车辆所携带的、供个人在紧急情况下使用的补给品。

4.4.6 Materiel 物资

释义 是指为对军事活动提供装备以及为实施、维持和支援军事活动所必需的(不分用于行政管理目的或战斗目的)所有物品(包括舰船、坦克、自行武器、飞机等,以及有关的备用零件、修理用零件和支援性装备,但不包括不动产、设施与公用事业设备)。

4.4.7 Recoverable Item 可回收品

释　义　是指在使用中不消耗掉并且必须交回,以便修理或处理的物品。

4.4.8 Commercial Items 商业产品

释　义　是指随时可从常设商业配送渠道得到的,并由国防部或各军种的物资主管人员指定应直接或间接自此种来源购买的补给品。

4.4.9 Off–the–shelf Item 货架产品

释　义　是指按军用或商用标准与规格研制和生产的物品,工业部门随时可以交货,不需改动即可采购,以满足某项军事需要。

4.4.10 Common Supplies 通用补给品

释　义　是指两个或两个以上军种所通用的补给品。

4.4.11 Common Use Alternatives 通用替代品

释　义　是指业已开发或正在开发的系统、子系统、设备、组件和材料,可用来减少重复性研究与开发,从而降低新系统的采购与支持费用。

4.4.12 Common–User Item 通用物品

释　义　是指由两个或两个以上国家或者同一国家的多个军种共同使用的物品。

4.4.13 Naval Stores 海军补给品

释　义　是指海军舰船和海军站使用的任何物品或商品,如装备、消耗性补给品、服装、燃油、润滑油、医疗补给品及弹药等。

4.4.14 Landing Force Supplies 登陆部队补给品

◆ 缩略语：LFS

释 义 是指突击梯队和后续突击梯队的补给品和装备。包括基本携行量、预置应急补给品和其余补给品。

4.4.15 Nonexpendable Supplies and Materiel 非消耗性补给品与物资

◆ 缩略语：NESM

释 义 是指使用时不消耗掉，在使用期间仍保持其原状的补给品，如武器、机械、工具和装备等。

4.4.16 Component of End Item 成品组件

◆ 缩略语：COEI

释 义 主要包括两类，第一类是从工程图纸上物理分离的，必须从最终产品上拆卸下来并单独包装的组件；第二类是在工程图纸上确定的，为战备需要而必须随最终产品配发的额外数量的组件，通常被指定为随装备件。

4.4.17 Base Issue Item 基本发行产品

◆ 缩略语：BII

释 义 是指使用操作人员使用最终产品完成特定任务所必需的保障产品，主要包括通用和特殊用途工具、测试、测量和诊断设备、备件或修理零件、急救包、技术出版物、安全设备等。

4.4.18 Equipment end Item 成品

释 义 是指按照设计已经组装生产完毕，能够按预定用途使用或具备特定功能的总成、组件、模块和零件的最终组合体，既可以是完整的装备，如坦克、卡车等，也可以是一个分系统，如电台、发电机和车载机枪等。

4.4.19 Hardware 硬件

> 释 义

是指诸如装备、工具、器具、仪器、装置、成套元件、配件、装饰件、组件、分组件、部件及零件等。

4.4.20 Component 部件

◆ 缩略语：COMP

> 释 义

是指一个组件或者任何在制造、装配、维修或翻造过程中装在一起的零件、半组件及组件的组合件,通常只能供整体安装或调换使用。

4.4.21 Assembly 组件 总成

> 释 义

是指构成装备等组成部分的物品,可作为一个整体提供与调换,一般含可替换的零件或零件组。

4.4.22 Major Assembly 主要总成

> 释 义

是指可单独由类型、型号和系列号识别的,并分配给 ID 编号的产品或部件。如电台上的接收机或发射机,在战斗车辆的二级炮塔分系统中的机枪或其他武器。

4.4.23 Module 模块

> 释 义

是指在生产过程中组装在一起的零件组合,可以作为一个单元进行测试、更换与修理。通常用于电子设备板件。

4.4.24 Subassembly 半组件

> 释 义

是指组件的一部分,由两个或两个以上零件组成,能作为一个整体加以供应与更换。

4.4.25 Part 零件 元器件

> 释 义

是指不能被分解或修理,或者被设计成不适合分解或修理的产品,如支架、齿轮、电阻或拨动开关等。通常指不可修复产品。

4.4.26　Critical Safety Item　关键安全产品

释　义　　是指任何零件、总成、分总成、安装过程或生产工艺,如果不符合设计数据或质量要求,引起非安全状态,危害概率水平为 A、B、C 或 D。

4.4.27　Common Item　通用(常用、共用)物资　一般商品　通用件

释　义　　①通用物资。一个以上部门需要使用的物资;②常用物资。有时泛指除维修零件或其他技术器材之外的任何消耗品;③共用物资。为国防部任何军种部所采购、拥有(军种库存)或使用,以及根据无偿军事援助计划需向受援国提供的任何一种物资;④一般商品。随时可从市场上买到的商品;⑤通用件。两个或两个以上军种都使用的类似的制品,但在颜色或形状上可能有所不同(如车辆或服装);⑥通用件。组装两种或两种以上成品都需要的零件或部件。

4.4.28　Spare　备件

释　义　　是指为了缩短装(设)备修理停机时间或进行装(设)备的维护检修,而储备的用于维修的配件。通常指可修复产品。

4.4.29　Installation Spares　安装备件

释　义　　是指装备安装所需的备用件、修理件、消耗品。主要包括通用和用量较多的器材(如连接器、电缆等),以及在安装、试验和评价期间,装备维修所需的零部件。

4.4.30　Initial Spares　初始备件

释　义　　是指在装备初始使用期间保障需采购的备件。

4.4.31　Follow-On Spares　后续备件

◆　缩略语:FOS

释　义　　是指在主要库存控制机构或保障机构具备能提供有效的寿

命周期保障能力后,补充野战级维修和支援级维修所需的备件和消耗品。

4.4.32 Spares Acquisition Integrated with Production 随生产采办备件

◆ 缩略语:SAIP

释 义 是指将备件与安装在主系统、分系统或装(设)备上的产品共同采办的一种程序。

4.4.33 Stock 库存品

释 义 是指执行维修任务机构的维修器材储备。按照储存位置与用途的不同,修理用零部件的库存可以分为车间库存品、工作台库存品、战斗修理分队/野战修理分队库存品,以及车(机)载备件4类。

4.4.34 Shop Stock 车间库存品

释 义 是指维修单位按编制与装备修订表等规定要求储存的修理用零部件和消耗品。车间库存品主要包括修理用零部件和进行维修需要的其他物资,批准权限在部队指挥官,由维修控制组负责管理,只用于维修单位支持所保障部队战备完好性使用,使维修单位能够频繁地使用修理用零部件和消耗品,避免延误修理,并减少物资处理数量。

4.4.35 Bench Stock 工作台库存品

释 义 是指由使用的维修单位或部门负责管理的低费用的消耗品、修理用零部件和物资。工作台库存品通常包括一般的五金器材、电阻器、电容器、电线、管路、绳索、细线、焊条、砂纸、衬垫材料、金属片、密封件、油、涂脂等,批准权限在维修控制军官。

4.4.36 CRT/FMT Stock 战斗修理组/野战修理组库存品

◆ 缩略语:CRT/FMTS

释 义 是指包含在车间库存品和工作台库存品清单内,用于补充战斗修理组或野战修理组维修作业所需的器材。

4.4.37 On – Board Spares 车(机)载备件

释义 是指按技术手册或指挥官授权由平台或部队建制装备携带的修理用零部件。通常不要求在陆军标准管理信息系统之中对这些备件消耗进行统计。

4.4.38 Repair Parts 修理用零部件

释义 是指用于维修过程中的安装或是对零件、部件和组件修理的器材,主要包括备件、部件、组件、装配件等。修理用零部件通常分为可修复件和消耗品,根据维修级别不同,可修复件进一步区分为基地级可修复件和野战级可修复件。

4.4.39 Reparable Item 可修件

释义 是指可以修复或较节约地修理,以便再次使用的零备件。

4.4.40 Depot – Level Reparable Item 基地级可修复件

◆ 缩略语: DLRI

释义 是指需要使用消耗性的零备件甚至内嵌式可修复件,并全部或者部分需要在基地级别完成的可修复件。

4.4.41 Field – Level Reparable Item 野战级可修复件

◆ 缩略语: FLRI

释义 是指能够在野战级维修中完成的可修复件。

4.4.42 Consumable Items 消耗件

释义 是指不能进行经济性修理或者直接无法修理的部件。消耗件有时候也在成品装备上直接替换(如发动机机油滤芯)。

4.4.43 Expendable Items 消耗品

释义 是指单价在 100 美元或以下的消耗产品,以及低于 300 美元的办公用品。

4.4.44 Durable Items 耐用品

释 义 是指那些在非使用消耗品且保持其原始身份的产品,包括成套设备、工具箱、配套设备和组合的非消耗组件,价格高于 5 美元的手工工具,以及其他单价高于 50 美元的非消耗产品。

4.4.45 Serial 批号 序号

释 义 是指在一个系列中给定一个数字或字母的编号,以便于计划、安排和控制的一个要素或一组要素。

4.4.46 Line Replaceable Unit 外场可更换单元

◆ 缩略语:LRU

释 义 是指具有一个或多个功能,并被封装为一个整体,易于更换的模块化设备或部组件,也称可更换组件、模块可更换单元。

4.4.47 Shop Replaceable Unit 车间可更换单元

◆ 缩略语:SRU

释 义 是指装备出现故障或损伤后,可在车间内对拆卸或更换的维修单元进行修复的部组件,也可称为内场可更换单元。

4.4.48 Maintenance Significant Item and/or Materiel 维修重要产品和装备

释 义 是指需要重复开展修复性维修工作的最终产品、总成、组件或系统,或需要在储存中维修的最终产品、总成、组件或系统。

4.4.49 Last Source of Repair 最终维修资源(唯一来源)

释 义 是指被指定执行特定类型维修工作,且没有其他资源可以替代的国防部修理资源。

4.4.50 Materiel Requirements 物资需求量

释义 是指在某一规定时期内,为使装备、物资不间断地补充以及支持某一军种、某一编队、某一组织或某一部队,以达到其目的或完成其任务所必需的装备和补给品的数量。

4.4.51 Peacetime Force Materiel Requirement 平时部队物资需求量

释义 是指为不间断地供应和维持部队而必需的某项物资的数量,这些部队包括美国现役和后备役部队、现任国防部长的指示(包括已批准的同对外军售国家与受援国之间的补给支援安排)中指定在平时由美国予以支援的盟国部队,以及为支持在正常拨款与采购周期内按计划建立的部队所必需的某项物资的数量。

4.4.52 Peacetime Materiel Consumption and Losses 平时物资消耗与损失量

释义 是指在正常拨款和采购周期阶段内所消耗、损失或磨损且已无修理价值的某项物品的数量。

4.4.53 Storage 储备

释义 是指以随时可以发放状态保管的补给品和物资,包括从源头接收、库存管理等职责。

4.4.54 Stockage Objective 储备目标

释义 是指保障当前持续作战而必须掌握的最大数量的装备物资。储备目标为任务储备和安全储备的数量之和,前者是在递交申请期间或后续物资到达期间持续保障行动所需要的数量;后者是在补充稍有延迟或需求意料之外的变化时持续行动所需要的数量。

4.4.55 Operational Reserve 作战储备

释义 是指为支援某项特定作战行动而建立的人员和物资的应急储备。

4.4.56 Contingency Retention Stock 库存物资应急保留 应急储备 加大储备

释义 是指某项物资的数量超过部队核准保留量的部分。此部分物资不存在可预见的需求或可定量的需求。通常将几部分物资划为国防部潜在的多余库存物资,含留作应急备用的 C 类舰船、飞机和其他物资等。

4.4.57 Critical Item 短缺物品

◆ 缩略语:CI

释义 是指供应不足或预计在较长时期内将供应不足的重要物品。

4.4.58 Pacing Items 步控产品

◆ 缩略语:PI

释义 是指各级司令部要进行不间断的监控与管理的主要武器或装备系统。

4.4.59 Substitute Item 替代产品

◆ 缩略语:SI

释义 是指允许替代或取代另一个功能和质量类似产品的授权标准产品。

4.4.60 Critical Item List 短缺物品清单

◆ 缩略语:CIL

释义 是指按优先顺序列出的清单,根据下属司令官综合性重要短缺物品清单编制,列出有助于各军种和国防后勤局在计划大量增产时选择的供应物品和武器系统。亦可供作战司令官或下属联合部队司令官(作战司令官指挥之下)根据作战形势平衡各军种部队的重要短缺补给品。

4.4.61　Basic Load　基本携行量

◆ 缩略语:BL

释　义　是指一支部队或编队拥有的并能由其携行的补给品数量。基本携行量保持在规定数量上,并根据该部队或编队的战时编制确定。也可翻译为"基数"。

4.4.62　Prescribed Load List　规定携行量清单

◆ 缩略语:PLL

释　义　是指(连、营级)部队为维修本部队装备,而被授权储备的修理用零部件。

4.4.63　Authorized Stockage List　核准库存清单

◆ 缩略语:ASL

释　义　是指维修部队储备的修理用零部件,供维修部队和其保障部队使用[①]。

4.4.64　Contingency Support Package　应急保障成套物资

◆ 缩略语:CSP

释　义　由特定类型、型号或系列的飞行分遣队、中队特遣编组部署所需要的通用或专用支援后勤保障物资组成。通常包括保障装备、机动设施和修理零备件等,一套物资能够满足90天战斗飞行时间所用。

---

① 关于规定携行量清单和核定库存清单变化的详细内容,参见 Crytzer I D. 修理用零部件政策变化[J]. 陆军后勤军官,1999(3/4):8－11。

4.4.65 Common Contingency Support Package Allowances 通用应急保障成套物资配备表

◆ 缩略语：CCSPA

释　义　是指为保障美海军陆战队航空兵战斗要素全部或大部分飞机而提供的陆战队通用资产。

4.4.66 Peculiar Contingency Support Package Allowances 专用应急保障成套物资配备表

◆ 缩略语：PCSPA

释　义　是指为陆战队空地特遣部队航空兵战斗要素中特定类型、型号或数量的飞机及其相关保障装备提供一级保障所需要的那些专用物品的组合。专用物品是用于某一特定飞机或保障装备的物品。

4.4.67 Pipeline 通道

释　义　是指将装备物资或人员从获取源头运往使用地点的后勤保障渠道或其中特定的一部分。

4.4.68 Fleet Issue Load List 舰队补给品装货单

◆ 缩略语：FILL

释　义　是指用以保障海上作战部队的战斗补给舰船物资综合清单，目的是提高舰队战备水平。

4.4.69 Prepositioned Emergency Supplies 预置紧急补给品

◆ 缩略语：PES

释　义　是指用于登陆作战初期的补充，包括应急浮动储备和直升机前运补给品两类。

4.4.70　Floating Dump　应急浮动储备

释　义　是指预先装载在登陆艇、两栖车辆或登陆舰船上的应急补给品。

4.4.71　Fly – In Support Package　飞行进入成套保障物资

◆　缩略语：FISP

释　义　是指为海上预置部队或陆战队特遣部队航空兵战斗要素的飞行进入梯队提供保障的建制级零备件成套保障物资。

4.4.72　Follow – On Support Package Allowances　后续保障成套物资配备

◆　缩略语：FOSPA

释　义　是指由持续突击需要的物品组成的成套装备，由于海运、空运限制，必须由后续部队或后续运输分阶段进入部署区。

五

装备维修保障技术基础术语

5.1 维修技术术语

5.1.1 Maintenance Robot 维修机器人

释义 是指用于装备维修的各种机器人系统。2017年,美军发布了《无人系统综合路线图(2017—2042财年)》[1],对包含维修在内的后勤领域无人系统发展进行规划,明确研发适用于后勤、安全、工程、医疗、维修,以及核、生、化和放射性以及爆炸物监测等领域的后勤无人系统,维修保障人员可以运用无人系统对军事装备进行维修保障。美国国防部高级研究计划局曾计划将一艘维修机器人送入地球静止轨道,为卫星等航天器进行维护、检查、轨道调整、检测异常等维修工作。

5.1.2 Self–Healing Technology 自修复技术

释义 是指在装备受损时,能够进行自我修理、恢复原有属性,从而保持自身功能完整的新型技术。

5.1.3 Self–Healing Armor 自修复装甲

释义 美国陆军研究处(ARO)和美国西北大学联合推出的人工合成材料,主要是利用和改造细胞装置以生产非生物性聚合物的能力,把人工合成材料引入生物功能的领域,根据战场需求,实现装备自修复。

5.1.4 Self–Healing Anti–Rust Additive 自愈合防锈添加剂

释义 用于军用车辆的先进复合材料。具有类似于人体肌肤的自愈合功能,能够防止车辆锈蚀。这种材料称为"聚成纤维原细胞",可以添加到现有的商用底漆中,可在装备损伤处形成蜡状防水涂层,防止车辆表面锈蚀[2]。

---

[1] DoD. Unmanned System Integrated Roadmap FY2017–2042[Z]. Washington,DC:DoD,2017.
[2] H. Rept. 115–200 – NATIONAL DEFENSE AUTHORIZATION ACT FOR FISCAL YEAR 2018 [Z]. 2018.

5.1.5 Self–Healing Liquid Metal Wire 自修复液态金属电线

> **释　义**　用于制造野战被覆线的液态金属和特殊聚合物,主要是将铟和镓的液态合金以微型胶囊的形式放置于同样具有可延展功能的聚合物之中,当金属芯因外界压力破损时,装有修复材料的微型胶囊被压碎,释放出的液态金属及时填充在破损导致的间隙之中,从而使得电流或电信号重新恢复连通。

5.1.6 Cold Spray Repair Technology 冷喷涂技术

> **释　义**　装备零部件修复先进技术,主要目的是解决腐蚀、磨损等。目前,美国国防部已批准 200 多例利用冷喷涂技术进行的维修工作,研发了热处理、粒度优化和多相粉末配方,使得冷喷涂粉末与含有铝、钢、钴、镍等成分的材料结合时展现出高黏合度、高韧性及高延展性,广泛应用于坦克装甲车辆、UH–60"黑鹰"、AH–64"阿帕奇"、西科斯基 H–53 直升机、F–18 战斗机、B1–B 轰炸机等装备维修中。

5.1.7 Additive Manufacturing 增材制造技术

◆ 缩略语:AM

> **释　义**　是指基于离散–堆积原理,由零件三维数据驱动直接制造零件的制造技术,是第三次工业革命的代表性技术之一。基于不同的分类原则和理解方式,增材制造技术也称"快速成型""快速制造""3D 打印"等,美国空军、陆军、海军、海军陆战队均在努力增加增材制造材料、工艺及制造技术的投资和应用推广力度。美国海军目前已经有 9 个配备增材制造技术的战备完好性中心,其中 5 个在东海岸,3 个在西海岸,1 个在日本;美国空军正在飞机定制化制造复杂几何外形特征的小批量零件,帮助维持老旧机队延长服役寿命。

5.1.8 Mobile Parts Hospital 移动零件医院

◆ 缩略语:MPH

> **释　义**　美军研制的利用增材制造技术进行柔性零件现场再制造的系统。该系统能够在临近战场需要的位置快速部署,应用激光工程化净成型技术(Laser Engineered Net Shaping,LENS)对战场损伤失效的武器装备零部件进行再

制造和及时快速修复,可大幅提升装备快速精确保障响应速度和保障水平。

5.1.9　Digital Twins Technology　数字孪生技术

◆ 缩略语：DTT

释　义　是指一个或一组特定装置的数字复制品,能够抽象表达真实装置,并能够以此为基础进行真实条件或模拟条件下的测试。数字孪生这一概念最早出现在2003年,由美国密歇根大学Michael Grieves教授提出,称为"与物理产品等价的虚拟数字化表达"。2011年,美国空军研究实验室提出将数字孪生技术应用于飞机结构的寿命管理,产生了机体数字孪生(Airframe Digital Twin,ADT)的概念,以解决复杂服役环境下的飞机运行维护的问题。美国空军与波音公司合作构建了F-15C机体数字孪生模型,开发了分析框架,综合利用集成计算材料工程等先进手段,实现了多尺度仿真和结构完整性诊断,配合先进建模仿真工具,实现了残余应力、结构几何、载荷与边界条件、有限元分析网络尺寸以及材料微结构不确定性的管理与预测。

5.1.10　Laser Surface Coating Technology　激光熔覆技术

◆ 缩略语：LSCT

释　义　在被熔覆的基体上放置涂层材料,经高能密度激光束辐照加热,使涂层和基体表面熔化,并快速凝固,在基体表面形成冶金结合的表面涂层。美国海军在"洛杉矶"级核潜艇"普罗维登斯"号导弹垂发系统维修过程中,开发了专用的激光熔覆法,可将发射管腐蚀处理时间缩短62.5%,同时提高使用寿命,具备更好的防腐蚀性[1]。

目前,在传统激光熔覆技术基础上,美军进一步开发出超高速激光熔覆技术,可以在短时间内完成大面积涂层的快速制备,熔覆层厚度可以按照工艺需求从0.1~0.25mm进行调整,对工件表面基本无损伤,与普通激光熔覆工艺的差异在于粉末在离工件一定距离处融化,并高速喷射到工件表面形成极薄的冶金层,大幅提高熔覆速率,并显著改善经过装备基体材料表面的耐磨、耐蚀、耐热、抗氧化等工艺特性。

---

[1] SCT 2021 Surfaces,Interfaces and Coatings Technologies International conference,[C/OL]. https://www.setcor.org/conferences/sct-2021。

5.1.11　Built – In Test　机内测试

◆ 缩略语：BIT

释　义　　是指系统、设备内部提供的检测、隔离故障的自动测试能力，即系统或设备本身具备进行故障检测、隔离或诊断的自动测试能力。BIT 技术能够提高故障诊断精确性、显著缩短诊断时间，从而实现故障的快速隔离[①]。20 世纪 80 年代以来，美国、英国等国相继开展智能 BIT 研究，利用计算机模拟人的思维过程和处理问题的方法对基本 BIT 的输出结果进行分析、推理和判断，以提高 BIT 的故障诊断检测与隔离能力，减少 BIT 虚警，并能测试和隔离间歇故障。智能 BIT 技术已在美国空军 F – 15、F – 16 战斗机的改进型和 F – 22 战斗机中得到应用。

5.1.12　Laser Paint Removal Technology　激光涂层去除技术

◆ 缩略语：LPRT

释　义　　是指利用激光特性，采取热振动与热冲击机理和声波振碎机理，对物体表面进行激光照射，破坏掉油漆和基体之间的黏附力，去除物体表面氧化物或者油漆层的技术。2009 年，Lasertronics 公司在北卡罗来纳州的海军陆战队"切里波因特空军基地"安装了自动旋翼除漆系统，从西科斯基 CH – 53E 重型直升机的玻璃纤维复合材料旋翼上去除油漆，大大减少了除漆过程中损坏部件的废料量，比手动旋转磨砂机的磨损率降低超过 10% 。

5.1.13　Augmented Reality　增强现实技术

◆ 缩略语：AR

释　义　　是指在真实场景中叠加虚拟模型或信息，实现虚拟场景与真实场景的精确融合，以加强人们对真实场景的感知和处理。最早于 1994 年由 Paul Milgram 和 Fumio Kishino 提出。2015 年，美国国防部组建的数字化制造和创新机构，将基于 AR 和可穿戴设备的生产车间布局作为研究的重点，不仅可以实现传统的 AR 辅助维修，而且通过互联网技术将远程云端的模型、设计图纸、

---

① MIL – STD – 1309D, Definitions of Terms for Testing, Measurement and Diagnostics[S]. Washington, DC: DoD, 1992.

实物及专家维修方案等信息实时共享,创新性地实现了异地多人实时交互,大幅提高维修人员工作效率,减少人为差错,提高维修质量。

5.1.14　Non-Destructive Testing Technology　无损检测技术

◆　缩略语:NDTT

释　义　是指在不损伤原材料和工件等受检对象的外形、结构前提下,测定和评价物质内部或外表物理性能和力学性能,探测各类缺陷和其他技术参数的综合性应用技术。不仅能够检测出已经存在的缺陷,而且能对裂纹、锈蚀、脱粘等疲劳缺陷的发展进行监测,对其发展规律进行预测,以保证损伤容限理论的正确实施。

5.1.15　AR Non-Destructive Testing Technology　AR无损检测技术

◆　缩略语:AR NDTT

释　义　是指利用AR进行无损探测的技术,能够在"无损"状态下,用于实时获取腐蚀数据。

5.1.16　Thermal Wave Detection Technology　红外线检测技术

释　义　是指利用红外敏感材料作为探测器,将物体的热辐射转化为物体表面温度场分布,对物体状态进行检测的技术。采用红外成像技术检测金属及复合材料的表皮下缺陷,能够发现热检测方法无法检测到的诸如分层、锈蚀、微量进水等,可用于大型飞机、舰船等装备的大型结构的快速无损检测。红外线无损检测技术在美军装备维修中得到广泛应用,包括F-22、F-16、KC-135、V-22、C-40A、CH-46、HH/UH-1N、HH-60、MH-53、UH-1N、RAH-66、CH-47、AH-1G、AH-64等固定翼飞机和直升机。

5.1.17　Artificial Intelligence Technology　人工智能技术

◆　缩略语:AIT

释　义　是指用于模拟、延伸和扩展人的智能的技术。2018年6月,美国国防部成立联合人工智能中心,联合了美军和17家情报机构共同推进约600个人工智能项目,投入超过17亿美元。美国陆军利用IBM公司的"沃森"

超级计算机及其人工智能算法对"斯特瑞克"装甲车的状况进行追踪和实时分析,识别可能发生异变的部件并找出其潜在问题,预测车辆可能出现的故障,提出有效的解决方案,帮助维修人员确定维修方法和需要的零备件。

5.1.18 Water Jet Cutting Technology 水射流切割技术

◆ 释 义　　是指利用水射流和磨料精确切削复合材料、合金和传统金属等不同种类、不同厚度的材料,进行零备件加工的技术。该技术特别适合快速实施小件生产和改造,以满足变化的战场环境。美国海军陆战队首次战区内使用水射流技术是在阿富汗赫尔曼德省的Leatherneck营地,加工人员经过现场设计、切削,能够在1小时内交付完成零备件。

5.1.19 Acoustic Tile Removal Technology 消声瓦清除技术

◆ 释 义　　是指采用喷水切割工艺(水刀),通过调整水射流的压力和流量,在清除潜艇消声瓦残留物的同时,保护潜艇外壳不受损伤的技术。

5.1.20 Friction Stir Welded Technology 摩擦搅拌焊接技术

◆ 释 义　　是指利用高速旋转的焊具与工件摩擦产生的热量使被焊材料局部熔化,实现焊接的技术。1991年由英国焊接研究所(The Welding Institute,TWI)发明,当焊具沿着焊接界面向前移动时,被塑性化的材料在焊具转动摩擦力作用下由焊具的前部流向后部,并在焊具的挤压下形成致密的固相焊缝,具有焊接接头热影响区显微组织变化小,残余应力比较低,焊接工件不易变形,能一次完成较长焊缝、大截面、不同位置的焊接等多种优点。

5.1.21 Supportability Analysis 保障性分析

◆ 缩略语:SA

◆ 释 义　　是支持装备综合保障工作的一种系统分析方法,是装备采办过程中实现战备完好性与保障性目标的有效手段。最早出现在1971年发布的美国军用标准 MIL–STD–1369(NC)《综合后勤保障大纲要求》上,称为"后勤保障分析"(Logistics Support Analysis, LSA)。美国国防部在1996年发布的 DoDI 5000.02–R 和1997年发布的 MIL–HDBK–502 中将"后勤保障分析"改称为"保障性分析"。

保障性分析协调与综合了可靠性、维修性、测试性、生存性等有关保障性的专业工程分析,通过设计接口互相交换并综合了各种专业分析的信息,以辅助装备保障性特性和保障系统的设计。保障性分析及相关辅助分析主要包括:系统使用要求分析,可靠性、维修性预计,故障模式、影响及危害性分析(Fault Modes,Effects and Criticality Analysis,FMECA),故障树分析(Fault Tree Analysis,FTA),以可靠性为中心的维修分析(Reliability – Centered Maintenance Analysis,RCMA),修理级别分析(Level of Repair Analysis,LORA),使用与维修工作分析(OAMTA),人机工程分析,故障诊断权衡分析,生存性分析(Survivability Analysis,SA),运输性分析,寿命周期费用分析(LCCA),零备件及库存分析,保障设备与设施要求分析,数据要求与信息系统分析等。

5.1.22 Failure Criticality Analysis 故障危害性分析

◆ 缩略语:FCA

释 义　　是指把故障模式与影响分析①中确定的每一种故障模式按其影响的严重程度类别及发生概率的综合影响加以分析(表5–1和表5–2),以便全面地评价各种可能出现的故障模式的影响。FCA是FMEA的继续,根据产品的结构及可靠性数据的获得情况,FCA可以是定性分析也可以是定量分析。

表5–1　故障发生概率评分准则

等级		故障发生的可能性	参考值
1	稀少	故障模式发生的可能性极低	$1/10^6$
2	低	故障模式发生的可能性较低	$1/20000$
3			$1/4000$
4	中等	故障模式发生的可能性中等	$1/1000$
5			$1/400$
6			$1/80$
7	高	故障模式发生的可能性高	$1/40$
8			$1/20$

---

① 故障模式与影响分析(FMEA)是在产品设计过程中,通过对产品各组成单元潜在的各种故障模式及其对产品功能的影响进行分析,提出可能采取的预防改进措施,以提高产品可靠性的一种设计分析方法。

续表

等级	故障发生的可能性		参考值
9	非常高	故障模式发生的可能性非常高	1/8
10			1/2

表 5-2 危害程度评分准则

等级		故障影响的严重程度
1	轻微	对系统的性能不会产生影响,用户注意不到的微故障
2,3	低	对系统的功能有轻微影响的故障,用户可能会注意到并引起轻微抱怨
4,5,6	中等	引起系统性能下降的故障,用户会感觉不舒服和不满意
7,8	高	中断操作的重大故障(如发动机不能启动)或提供舒适性的子系统不能工作的故障(空调子系统不能工作、遮阳顶棚电源故障等),用户会感觉强烈不满。但此类故障不会引起安全性后果也不违反政府法规
9,10	非常高	引起生命、财产损失的致命故障或不符合政府法规的故障

5.1.23 Fault Tree Analysis 故障树分析

◆ 缩略语：FTA

释　义　又称事故树分析,通过对可能造成系统故障的各种因素(包括硬件、软件、环境、人为因素等)进行分析,画出逻辑框图,即故障树,进而确定系统故障原因的各种可能组合及其发生概率,以计算系统故障概率,并采取相应的纠正措施,最终提高系统可靠性。故障树分析是安全系统工程中最重要的分析方法。事故树分析从一个可能的事故开始,自上而下、层层寻找顶层事件的直接原因和间接原因事件,直到基本原因事件,并用逻辑图把这些事件之间的逻辑关系表达出来。故障树分析(FTA)最初源于美国贝尔实验室,由 H. A. Watson 创立,用于评估"民兵"系列洲际弹道导弹(ICBM)的发射控制系统[1][2],之后故障树分

---

① ERICSON C. Fault Tree Analysis—A History(PDF)[C]//Proceedings of the 17th International Systems Safety Conference. August 16-21,1999,Orlando,FL,USA:System Safety Society,1999。

② RECHARD R P. Historical Relationship Between Performance Assessment for Radioactive Waste Disposal and Other Types of Risk Assessment[J]. Risk Analysis(Springer Netherlands). 1999,19(5):763-807[2010-01-22]. DOI:10.1023/A:1007058325258. SAND99-1147J。

析便开始成为可靠性分析人员进行失效分析的工具①。波音公司在1966年开始将故障树分析用在民航机的设计上②,20世纪60—70年代,美国陆军装备司令部开始将故障树分析整合到可靠性设计工程设计手册(Engineering Design Handbook on Design for Reliability)中③。

5.1.24　Level of Repair Analysis　修理级别分析

◆　缩略语:LORA

释　义　　在装备的研制、生产和使用阶段,对预计有故障的产品进行非经济性或经济性的分析,以确定可行的修理或报废的修理级别的过程④。修理级别分析是一个复杂的、需要反复迭代的系统分析,通过修理级别分析可以科学地划分修理级别,合理区分维修任务,进而提高保障效率,降低保障费用,达到最经济、最适用的目的。在装备研制的早期阶段,修理级别分析主要用于制定各种有效的、经济的备选修理方案,在使用阶段,则主要用来完善和修正现有的维修保障制度,提出改进意见,以降低装备的使用和保障费用,降低装备的寿命周期费用。

5.1.25　Intermittent Fault Diagnosis Techniques　　间歇故障测试技术

◆　缩略语:IFDT

释　义　　是指用于检测装备使用与维修中某些难以检测发现但却间歇性发生故障的技术,主要包括基于故障概率的间歇故障诊断、基于随机过程的间歇故障诊断、基于离散事件系统模型的间歇故障诊断、基于环境应力的间歇故障诊断等。间歇故障成因和表现形式复杂,发生的时间、频率、概率及故障幅值都具有一定的随机性,对装备战备完好性和执行任务产生很大影响。据统

---

① MARTENSEN,A L,BUTLER R W. The Fault – Tree Compiler[R]. Langely Research Center. NTRS. 2016.7.1。
② ECKBERG C R. WS – 133B Fault Tree Analysis Program Plan[R]. Seattle,WA:The Boeing Company,2016.3.3。
③ EVANS R A. Engineering Design Handbook Design for Reliability(PDF)[M]. US Army Materiel Command,2014。
④ 维基百科 https://en. wikipedia. org/wiki/Level_of_Repair_Analysis。

计,间歇故障占整个系统故障的 70% ~90%[1][2],集成电路中的间歇故障通常是永久故障的 10~30 倍[3]。2012 年美国国防部成立了"联合间歇故障测试工作综合产品组",2014 年发布了间歇故障测试军用规范,为各军种联合攻克间歇故障测试技术提供了依据。

5.1.26 Remote Diagnosis and Maintenance Technology 远程故障诊断与维修技术

◆ 缩略语:RD&MT

释 义　是指后方维修技术专家与一线使用操作或维修人员,借助于可穿戴计算机系统、交互式电子技术手册和信息网络,进行远程实时维修培训和指导,使前方维修人员能从后方获得技术指导和维修信息。2017 年 3 月,美国空军运用远程故障诊断与维修技术对 B-52 战略轰炸机进行了远程维修。美国海军基于安装在海上平台的远程维修支持系统,使每艘舰船和每架舰载机都可以从多个网络数据库中获取数字化图纸资料、工程数据、维修辅助决策、保障计划和技术培训等信息,实现维修现场技术人员同基地或工业部门的维修专家进行交互通信。

5.1.27 Automated Identification Technology 自动识别技术

◆ 缩略语:AIT

释 义　是指为便于"全资产可视化"系统源数据截获与传输的工具。自动识别技术包括各种设备和装置,如用于单独器件、多件物品小包、装备、航空货盘或集装箱等标识的条形码、磁条、光存储卡和射电频率标签,以及制造装置、读取装置上的信息和整合这些信息与其他后勤信息所需的硬件和软件。自动识别技术与后勤信息系统的结合是国防部"全资产可视化"计划的关键。

---

[1]　HAIYU Q,GANESAN S,Pecht M. No-Fault-Found and Intermittent Failures in Electronic Products [J]. Microelectronics Reliability,2008,48(5):663-674。

[2]　BONDAVALLI A,CHIARADONNA S,GIANDOMENICO F D,et al. Threshold-Based Mechanisms to Discriminate Transient from Intermittent Faults[J]. IEEE Transactions on Computers,2000,49(3):230-245。

[3]　CONSTANTINESCU C. Intermittent Faults and Effects on Reliability of Integrated Circuits[C]//Reliability and Maintainability Symposium,Las Vegas,NV,USA,2008:370-374。

5.1.28　Asset Marking and Tracking　资产标识和跟踪

◆ 缩略语：AMT

释　义　　是指贯穿物资采购、运输、供应、维护和报废全过程的管理技术。资产标识和跟踪还能够自动识别跟踪高成本、高影响度以及其他关键的独立组件,以实现资产全程高效管理。

5.1.29　Enterprise Asset Tracking　企业资产跟踪

◆ 缩略语：EAT

释　义　　是指以手持终端等移动设备为依托,实现企业资产跟踪的技术。它包含了保障资产问责、入库出库、接收与上交处理、资产交付、仓库与设备库存处理以及仓库位置验证处理等功能。

5.1.30　Item Unique Identification Technology　产品唯一标识技术

◆ 缩略语：IUIDT

释　义　　是指可以自动获取关键物资数据,准确记录寿命周期数据的技术。通过装备唯一标识,维修保障管理者、工程师和保障人员可以整合并分析装备数据,制定预防性维护策略。

5.1.31　Item Unique Identification　产品唯一标识

◆ 缩略语：IUID

释　义　　是指把一个产品同所有的其他类似或非类似产品区别开来的国防部产品标识码。

5.1.32　Source, Maintenance, and Recoverability Code　　　　　资源、维修与回收代码

◆ 缩略语：SMR

释　义　　该代码应用于整个国防部的各军事部门和相关机构。SMR代码是一个5位代码,包含器材供应/请领信息、维修级别授权与回收权限,以及散装物资制造授权。组成为:前两位为资源码,中间两位为维修码,最后一位为回收码。

5.2 法规标准术语

5.2.1 Maintenance Standard 维修标准

◆ 缩略语：MS

释　义　是指通过修理、大修或一些其他维修措施,装备功能被恢复时,必须达到的最低状态的标准,以确保装备能够在规定的期限内保持规定的性能。

5.2.2 Maintenance Allocation Chart 维修任务分配表

◆ 缩略语：MAC

释　义　美军装备维修保障管理的一种手段,是以图表方式,对装备维修的职能和责任进行分配。通常给出每项维修任务的授权,即实施维修级别的装备维修功能列表,是装备维修最重要、最基础的技术文件,描述了装备维修的详细方案,明确了维修项目、授权的最低维修级别、维修时间和维修工具设备需求等。

5.2.3 Fifty–Fifty Rule 50–50 规则

释　义　是指美军通过控制私营企业在基地级维修中承担维修任务经费份额,保证军方的核心维修能力。《美国法典》第 10 卷第 2466 节中关于"装备基地级维修的限制"规定:"各军种部和国防部各部局确定基地级合同商维修限制在 50% 以内",简称 50–50 规则。

5.2.4 Maintenance Support Regulations 维修保障法规

◆ 缩略语：MSR

释　义　美军用于规范装备维修保障活动的各种出版物的总称。可分为国家、国防部/参联会和军兵种 3 个层次。其中,国家层面主要是由国会通过的法律,如《美国法典》第 10 卷第 2460 篇"基地级维修定义"、第 2464 篇"基地级核心维修能力"、第 2466 篇"执行装备基地级维修的限制"、第 2469 篇"以合同形式执行之前由国防部基地级维修机构执行的工作量:竞争性需求"、第

2474 篇"工业和技术示范中心:公私合作"等;国防部/参联会层面,是对国会法律的补充和细化,是具体工作的行动指南,包括参谋长联席会议的联合出版物等;各军兵种、各部门也制定有相关的配套条令、条例及规章制度。

5.2.5 Joint Publication 联合出版物

◆ 缩略语: JP

释 义 联合参谋部有关部门审查编写的包括涉及部队使用的联合作战条令以及联合战术、技术与程序出版物,供各军种部、作战司令部及其他授权机构使用。该类出版物由参谋长联席会议主席与作战司令部和各军种协调后审定。

5.2.6 Multinational Doctrine 多国条令

◆ 缩略语: MND

释 义 在为达成共同目标而开展的协调行动中,指导两国或多国部队运用的基本原则。多国条令需要得到各参与国的批准。

5.2.7 Multi-Service Doctrine 多军种(联合作战)条令

◆ 缩略语: MSD

释 义 为在联合作战行动中达到共同目标而对两个或多个军种部队的使用进行指导的基本原则。它由两个或多个军种批准,通常在注明参加军种的联合出版物上颁布。

5.2.8 Joint Test Publication 联合试行出版物

◆ 缩略语: JTP

释 义 联合作战条令或联合战术、技术与程序出版物的拟议版本,通常包含一些有争议的问题,被指定为试行出版物,处于评估阶段。联合试行出版物由联合参谋部的作战计划与协同部部长(J-7)批准评估。试行出版物的出版发行并不需要参谋长联席会议主席批准。在获得最终批准成为联合作战条令之前,试行出版物需在评估结果的基础上做进一步修改。当评估结束时,试行出版物被正式颁布的出版物自动替代。

5.2.9　Capstone Publication　顶级出版物

◆ 缩略语：CP

释义　是美军法规体系的组成部分，属于诸军种联合出版物等级体系中的最高级别联合条令出版物。该类出版物将诸军种联合条令与国家战略及政府其他部门和联盟的文件联系起来。

5.2.10　Chairman of the Joint Chiefs of Staff Instruction 参谋长联席会议主席指令

◆ 缩略语：CJCSI

释义　包含参谋长联席会议主席政策与指南等各类函件的替代文件，不涉及部队调用。该类指令无具体期限，适用于联合参谋部及外部机构。此类指令未被取代、废除或以其他形式予以撤销之前始终有效。与联合出版物不同，参谋长联席会议主席指令不含联合条令和联合战术、技术与程序。参联会指令所用术语与JP1-02号联合出版物保持一致。

5.2.11　Keystone Publications　基础出版物

释义　是指在联合出版物等级体系中为一系列联合出版物确立条令基础。基础出版物是为联合人事、情报、作战、后勤、计划以及指挥、控制、通信和计算机系统提供支持的系列出版物。

5.2.12　Below-the-Line Publications　低级别出版物

释义　美军法规体系的组成部分，属于联合出版物体系中级别较低的出版物，包括由联合参谋部主任签署的，包含为联合机构制定的具体任务指南的辅助性联合条令以及联合战术、技术与程序出版物。该级别出版物包括参考出版物以及阐述联合人事、情报支援、作战、后勤支援、计划，以及 C^4ISR 系统支援的出版物。

5.2.13　Non-Registered Publication　非登记出版物（文件）

◆ 缩略语：NRP

释义　是指没有登记号码，无须定期清点的出版物。

5.2.14 Technical Information 技术资料

释　义　是指有关弹药及其他军需品和装备的研究、发展、设计、试验、评估、生产、操作、使用及保养的资料,包括科技资料。

5.2.15 Table of Allowance 编制表

◆ 缩略语：TOA

释　义　装备编配文件,用于规定编制装备的基本数量,并控制装备核定总量数据的制定、修改和变更。

5.2.16 Repair Parts and Special Tools List 修理零件与专用工具清单

◆ 缩略语：RPSTL

释　义　是指用于明确备件和修理零件、专用工具及测试、测量和诊断设备,以及各维修级别开展装备维修保障所需的其他特殊保障设备,并给出各维修级别请领、发行与报废处理备件、修理零件和专用工具的权限。通常以专门的维修手册的形式颁布,对于简单设备、工具,也可直接被编入对应的维修手册。

5.2.17 Integrated Logistics Specifications 综合保障标准

◆ 缩略语：ILS

释　义　是指用于指导装备综合保障的标准体系。主要分为美标体系和欧标体系,其中,欧标体系是由欧洲宇航和防务工业协会(Aerospace and Defense Industries Association of Europe,ASD)组织编制并发布的,涵盖欧洲20个国家的32家行业协会,成员公司超过800家；美标体系由美国宇航工业协会(Aerospace Industries Association of America,AIA)组织编制。2010年,AIA和ASD签订协议,联合开发通用/互用的综合保障系列国际标准,并由两个组织的成员组成了ILS标准委员会,规划并发布S系列ILS标准。

5.2.18 Ship Specification for Repair 舰船修理标准

◆ 缩略语：SSR

释　义　是指美军用于指导舰船装备修理的技术标准体系。1995年以前,美军潜艇的修理标准分为修理技术标准、维修卡(Maintenance and Repair Card,MRC)、维修需求规程(Maintenance Requirements Procedure,MRP)、"海狼"级潜艇维修标准4个系列。1995年之后,美军将上述4个系列的修理标准整合,在编号、格式、内容、印刷等方面进行了统一,按装备型号编制"修理标准",主要包括:《水面舰船大修通用规范》,MIL – DTL – 24784C《技术手册常规采办与编制要求通用规范》①,MIL – DTL – 24784/7C《船用设备、机械设备、电气设备、电子设备、军械装备的技术修理标准》等②。

5.2.19 Test Program Sets 测试程序集

◆ 缩略语: TPS

释 义　是指接口设备、软件测试程序、文档(技术手册和技术数据包)的组合,使自动测试设备操作人员能够对受测试单元实施测试、诊断活动。

5.2.20 Department of Defense Activity Address Code 国防部机构地址代码

◆ 缩略语: DoDAAC

释 义　是指国防部供应与装备交货地址代码,由一个6位数字组成。

5.2.21 End Item Code 最终产品代码

◆ 缩略语: EIC

释 义　是指标识一个特定最终产品的代码。由一个3位字母数字码组成,包括英文字母和数字2~9。

5.2.22 Equipment Category Code 装备分类代码

◆ 缩略语: ECC

释 义　是指由2位字母组成的顺序代码。第一位标识装备的基本

---

① MIL – DTL – 24784C,Detail specification:manuals,technical:general acquisition and development require – ments,general specification for[S]. Washington,DC:DoD,2007.

② MIL – DTL – 24784/7C,Detail specification:technical repair standards for hull,mechanical,and electrical equipment,electronic equipment,and ordnance equipment[S]. Washington,DC:DoD,2007.

类别,该代码用于自动数据处理系统,生成对装备的完整描述,包括制造商、型号、名称、列装编号以及国家库存编号。

5.2.23 Equipment Readiness Code 装备战备完好性代码

◆ 缩略语：ERC

释义 表示一个产品对部队战斗、战斗保障或战斗勤务保障任务重要性的数字代码。这些代码被分配给编制装备修定表上的装备。

5.2.24 Repair Parts Code 修理备件编码

◆ 缩略语：RPC

释义 美军对修理用零部件进行编码的标准。目前,主要采用国家库存编码和系列项目编码。"系列项目编码"又分为"Z－系列项目编码""I－系列项目编码""标准系列项目编码""非标准系列项目编码"4类。对于已经进入联邦供应系统的标准化军用零备件,主要使用"国家库存品编号"和"标准系列项目编码";对于没有进入联邦供应系统的、非标准化的民用现货产品,使用的编码主要是"Z－系列项目编码""I－系列项目编码"和"非标准系列项目编码"。

5.2.25 National Stock Number 国家库存品编号

◆ 缩略语：NSN

释义 是美国通用的一种供应物品编码方式,由美国国防后勤局统一分发,用来标识美国联邦供应分发系统中的每一项物品。"国家库存品编号"由13位阿拉伯数字构成,前4位数字为"联邦供应分类编码"(FSC),后9位数字为"国家物品识别编码"(NIIN)。

联邦供应分类编码用来给纳入美国联邦政府供应系统的商品进行分类。联邦供应分类编码采用两级分类结构,第一级称为"组",第二级称为"类"。在其4位编码中,前两位表示物品所属的"组",后两位则表示物品所属组下的"类"。按2002年最新版本的《联邦供应分类法》,当前纳入FSC的供应品共分为78组,合计643类。组的编号从10到99,其中21、27、33、50、64、82、86、90、92、97、98目前尚未使用。战备类编码也是不连续的,这样可以允许在需要的时候扩展该组下面的类。

在9位的"国家物品识别编码"中,前2位是国家编码,表示的是物品的生产国,主要的北约国家和一些重要的西方国家都有相应的国家编码。其中,美国被分发了两个编码,分别为15和17,后7位是随机分发的数字,无确切含义,由北约各国自行连续指定。

5.2.26 Line Item Number 系列项目编码

◆ 缩略语:LIN

释 义 是美军供应物品编码方式,由6位字符构成,主要包括:"Z-系列项目编码""I-系列项目编码""标准系列项目编码"和"非标准系列项目编码"。

5.2.27 Z-Line Item Number Z-系列项目编码

◆ 缩略语:Z-LIN

释 义 是指美军指定给两类物品(包括修理用零部件)的编码,一类是那些根据陆军装备发展计划处于开发中的物品,另一类是已经完成开发,但仍未指定等级类型的物品。Z-系列项目编码,由Z字符和5位数字构成,变化范围为Z00001到Z99999。

5.2.28 I-Line Item Number I-系列项目编码

◆ 缩略语:I-LIN

释 义 是指美军专用于陆军条例AR-25系列出版物中列出的、尚未规定等级类型的自动化数据处理设备及其备件,由字母I和5位数字构成。一旦这些设备和备件被指定了等级类型,就会获得一个标准系列项目编码。

5.2.29 Standard Line Item Number 标准系列项目编码

◆ 缩略语:SLIN

释 义 是指美军用于标识所有已经编有国家库存编号的可多次使用的物品,以及指定了等级类型的消耗品或耐用品。标准系列项目编码由1个字母和5位数字构成,变化范围为A00001到Y99999,但I和O不能作为第一个字母。

5.2.30 Nonstandard Line Item Number 非标准系列项目编码

◆ 缩略语：NSLIN

释 义 是指美军用于标识那些可用普通命名法表示出功能的可多次使用物品,以及那些不适合使用标准系列项目编码的物品(如没有指定国家库存编号的物品)。非标准系列项目编码由5位数字和1个字母构成,变化范围为00001A到999992,但N和R另有用途,不能作为结尾的字母。

5.2.31 Part Number 零件编号

释 义 是指设计者、制造商或供应商确定的编号,由数字、字母和符号组成,以识别物资器材的某个零件或元件。

5.2.32 Cargo Increment Number 额外物资编号

释 义 字母与数字混合编制的7个字母长度的字段,为诸军种联合作战计划与执行系统,分阶段部队展开数据中的非部队编制物资的唯一编号。

5.2.33 Replacement Factor 补充系数

释 义 是指对正在使用的装备或修理用零件所估计的一个百分数,此种数量的装备或修理用零件在一定时期内将由于无法修复、敌人的行动、丢弃、被盗以及除意外灾祸外的其他原因而需要补充。

5.2.34 Configuration Status Accounting 配置状态统计

释 义 是指有效管理系统或产品配置的记录并报告信息,包括批准的在规范、图纸和其中引用的文档中规定的技术文档,建议的配置状态改变,被批准改变的实施状态。

5.2.35 Depot Maintenance Work Requirement 基地维修工作要求

◆ 缩略语：DMWR

释 义 是指基地级维修作业服务标准。主要规定建制基地维修设施或合同商,以及合格的基地级以下修理资源,对一个产品实施修理的工作范围、适用的装备类型与种类以及工艺质量。该标准也用于规范修理方法、操作流程与技术、改进需求、公差与配合、需要达到的装备性能参数、质量保证准则,以及其他关键要素,确保军方获得一个可接受的和合格的产品。

5.2.36　Depot Maintenance Workload　基地维修工作量

◆ 缩略语:DMWL

释　义　是指一个准备修理的特定产品的特定基地修理需求。度量单位包括人小时、工作年数、费用和价格。

5.3 技术指标术语

5.3.1 Fully Mission Capable 完全任务能力

◆ 缩略语：FMC

释义 是指系统和装备处于安全状态,所有任务必需子系统已经被安装好,并能够按照规定的要求运转,能够有效履行其作战使命。

5.3.2 Initial Operating Capability 初始作战能力

◆ 缩略语：IOC

释义 是指一个新的、改进过的或替换的装备系统,在首次编配到部队时,能够在其使用(作战)环境下有效使用和保障的能力。

5.3.3 Operational Characteristics 作战(工作)性能

释义 主要指与单个装备或两个以上装备共同执行的职能有关的军事性能。以电子设备为例,其作战特性包括频率范围、波道分配、调制方式及发射特征等。

5.3.4 Technical Characteristic 技术性能

释义 是指生产具有所需军事特性的装备中包含的主要与工程原理有关的装备性能。例如,对于电子设备来说,技术性能包括电路、部件的类型和排列等要素。

5.3.5 Equipment Performance Data 装备性能数据

◆ 缩略语：EPD

释义 是指在作战使用或模拟实际使用条件下试验期间积累的,关于装备系统、分系统、组件和装备最终产品的维修性、可靠性和保障性特性的历史数据。

5.3.6 Index 指标

<u>释 义</u>　是指用来表示各种数据的汇总值。根据专门手册确定的指标是一种通用的指标,而不是一种精确的度量。因此,随着指标数据的汇总,它们的重要性可能会降低。

5.3.7 Critical Characteristics 关键特性

<u>释 义</u>　是指产品、材料或工艺的特征(公差、抛光、材料组成、制造、装配或检查工艺),其若不符合或缺失,则会造成产品的失效或失灵。

5.3.8 Deficiency 缺陷

<u>释 义</u>　是指引起装备工作失灵的故障或问题,引起装备不具备任务能力(NMC)的故障。

5.3.9 Fault 故障

<u>释 义</u>　是指装备或零部件存在的缺陷。

5.3.10 Failure 失效

<u>释 义</u>　是指装备所处的不能工作状态,其全部或部分零件无法或即将无法按预先规定的方式运行。

5.3.11 Average Llife Span 平均寿命

◆ 缩略语:ALS

<u>释 义</u>　是指装备寿命的平均值或数学期望,记为 θ。

设装备的故障密度函数为 $f(t)$,则该装备的平均寿命,即寿命 T(随机变量)的数学期望为

$$\theta = E(T) = \int_0^\infty tf(t)\mathrm{d}t$$

平均寿命表明装备平均能工作多长时间,很多装备常用平均寿命来作为可靠性指标,如车辆的平均故障间隔里程,雷达、指挥仪及各种电子设备的平均故障间隔时间,枪、炮的平均故障间隔发数等。

5.3.12　Life Cycle　寿命周期

◆ 缩略语:LC

释　义　是指装备从其最初研制直至用尽或根据已知的物资需求情况认为多余而将其报废处理所经历的所有阶段。

5.3.13　Available Days　可用天数

释　义　是指对所属单位,装备在位并且能够完全胜任其任务的天数;装备具备完全任务能力的时间。

5.3.14　Non Available Days　非可用天数

◆ 缩略语:NAD

释　义　是指装备不能履行任务的天数;装备不具备完成任务能力的时间。

5.3.15　Not Mission Capable　不具备任务能力

◆ 缩略语:NMC

释　义　是指表明装备不能履行任何战斗任务的一种状态。

5.3.16　Not Mission Capable Maintenance　非任务能力——维修

◆ 缩略语:NMCM – M

释　义　是指装备因正在进行必要的维修工作而不能履行其作战任务。

5.3.17　Not Mission Capable Maintenance Supply　非任务能力——供应

◆ 缩略语:NMCM – S

释　义　是指装备因为备件供应延迟引起的维修中止而不能履行其

作战任务。

5.3.18 Partially Mission Capable　部分任务能力

◆ 缩略语：PMC

释　义　　是指因部分系统存在维修需求,装备能够完成至少一项但不是所有功能的状态。

5.3.19 Availability　可用度

释　义　　是指可用性的概率度量,设 T_V 为正常工作总时间,T_D 为由于故障使系统不能工作的时间,则可用度为

$$A = \frac{T_V}{T_V + T_D}$$

亦可表达为

$$A = \frac{T_{BD}}{T_{BD} + T_{DT}}$$

式中　A——可用度;
　　　T_{BD}——平均工作时间(h);
　　　T_{DT}——平均不工作时间(h)。

5.3.20 Maintainability　维修性

释　义　　当按照规定的程序与资源实施维修时,在给定时间期间内,保持或恢复到规定状态的固有设计特性。

5.3.21 Maintenance Degree　维修度

释　义　　在可能维修的系统中、规定的维修条件下和规定的维修时间内,将系统恢复到原来的运行效能的概率,用 $M(t)$ 表示。维修度是衡量装备维修难易的客观指标(小修、中修、大修)。

$$M(t) = \lim_{N \to \infty} \frac{n(t)}{N}$$

式中　N——维修的产品总(次)数;

　　　$n(t)$——t 时间内完成维修的产品(次)数。

5.3.22　Supportability　保障性

释　义　是指保障系统的影响度量,包括对可靠性、支撑费用和配置数量的评估。

5.3.23　Reliability Degree　可靠度

◆ 缩略语:RD

释　义　是指装备(产品)在规定的条件下和规定的时间 t 内,完成规定功能的概率,记为 $R(t)$。

装备(产品)的可靠度函数 $R(t)$ 可以看作是事件"$T>t$"的概率,即

$$R(t) = P\{T>t\}$$

这个概率值越大,表明产品在时间 t 内完成规定功能的能力越强,装备(产品)越可靠。

5.3.24　Mission Reliability　任务可靠度

◆ 缩略语:MR

释　义　是指任务可靠性的概率度量。

$$R_M = \frac{N_{MC}}{N_{TM}}$$

式中　R_M——可靠性;

　　　N_{MC}——完成规定任务的次数;

　　　N_{TM}——任务总次数。

5.3.25　Inherent Availability　固有可用度

释　义　是指与工作时间和修复性维修时间有关的一种可用性参数,度量方法为产品的平均故障间隔时间与平均故障间隔时间和平均修复时间和的比例。

$$A_\mathrm{i} = \frac{T_\mathrm{BF}}{T_\mathrm{BF} + T_\mathrm{MTTR}}$$

式中　A_i——固有可用度；

　　　T_BF——平均故障间隔时间（MTBF），是可修装备可靠性设计参数，反映维修人力费用和保障费用；

　　　T_MTTR——平均修复性维修时间（MTTR），是装备维修性设计参数，反映维修人力费用。表示在人力、备品备件、维修设备等资源都备齐的条件下，装备在野战级修复故障所用时间的平均值。

5.3.26　Operational Availability　使用可用度

◆　缩略语：Ao

释　义　　是指装备（产品）在其保障系统下，处于能工作的时间比例，是与能工作时间和不能工作时间有关的一种可用性参数，用于使用效果评估。其计算方法为：装备（产品）的能工作时间与能工作时间、不能工作时间的和之比。

$$A_\mathrm{o} = \frac{T_\mathrm{U}}{T_\mathrm{U} + T_\mathrm{DW}}$$

式中　A_o——使用可用度；

　　　T_U——装备处于能完成规定功能状态的时间，称为能工作时间；

　　　T_DW——装备处于列编，但处于不能完成规定功能状态的时间，称为不能工作时间。

5.3.27　Achieved Availability　可达可用度

释　义　　仅与工作时间、修复性维修和预防性维修时间有关的一种可用性参数。度量方法为：产品的工作时间与工作时间、修复性维修时间、预防性维修时间的和之比。

$$R_\mathrm{QI} = \frac{T_\mathrm{U}}{T_\mathrm{U} + T_\mathrm{R} + T_\mathrm{P}}$$

式中　T_U——装备工作时间；

　　　T_R——装备修复性维修时间；

T_P——装备预防性维修时间。

或装备能随时遂行作战任务的数量与装备完好数之比为

$$R_\mathrm{QI} = \frac{N_\mathrm{C}}{N_\mathrm{A}}$$

式中　R_QI——可达可用度；

　　　N_C——装备能随时遂行作战任务的完好数；

　　　N_A——装备实有数。

5.3.28　Attrition Rate　损耗率

释　义　是指在规定时间内由各种原因造成的人员或作战物资的损失程度，通常以百分数表示。

5.3.29　Commonality　通用性

释　义　是装备或系统的一种特性，指：①具有类似的或可互换的特点，使受过一种装备或系统训练的人员无须再受特别训练即可使用、操作、维修另一种装备或系统；②具有可互换的维修零件和部件；③若系消耗品，则不必调整即可换用。

5.3.30　Repair Rate　修复率

释　义　装备维修性的一种基本参数。是指在规定的条件下和规定的期间内，装备在规定的维修级别上被修复的故障数与在该级别上应被修复故障总数之比。

修复率或称修复速率 $\mu(t)$ 是在 t 时刻未能修复的产品，在 t 时刻后单位时间内修复的概率。可表示为

$$\mu(t) = \lim_{\substack{\Delta t \to 0 \\ N \to \infty}} \frac{\Delta n(t)}{N(s)\Delta t}$$

其估计值

$$\hat{\mu}(t) = \frac{\Delta n(t)}{N_\mathrm{S}\Delta t}$$

式中　N_S——t 时刻尚未修复数（正在维修数）。

5.3.31 Failure Rate 故障率

◆ 缩略语:FR

释 义 装备可靠性的一种基本参数,亦称失效率,是指装备在规定的条件下和规定的时间内,丧失规定功能(发生故障)的概率。装备的故障概率(或不可靠度)记为$F(t)$,即

$$F(t) = \lim_{\Delta t \to 0} \frac{P\{t < T < t + \Delta t\}}{\Delta t}$$

故障率是可靠性理论中的一个很重要的概念。在实践中,它又是装备(产品)的一个重要参数。故障率越小,其可靠性越高;相反,故障率越大,可靠性就越差。电子元件就是按故障率大小来评价其质量等级的。

5.3.32 False Alarm Rate 虚警率

◆ 缩略语:FAR

释 义 虚警率是在规定期间内发生的虚警数与故障指示总次数之比,以百分数表示。

$$R_{FA} = \frac{N_{FA}}{N_F + N_{FA}} \times 100\%$$

式中 R_{FA}——虚警率;
N_{FA}——虚警次数;
N_F——真实故障的指示次数。

5.3.33 Operation Rate 开机率

释 义 是指装备实际处于运行状态时间与应工作时间之间的比率。

$$R_O = \frac{T_O}{T_N} \times 100\%$$

式中 R_O——开机率;
T_O——装备实际处于运行状态时间;
T_N——应工作时间。

5.3.34　Wear Rate　磨损率

释　义　是指在一定时间内零部件的磨损量与时间的比例。其计算公式为

$$R_W = \frac{N_W}{T_W}$$

式中　R_W——磨损率；
　　　N_W——磨损量；
　　　T_W——磨损时间。

5.3.35　Probability of Success　任务成功率

释　义　是指装备(产品)在规定的条件下成功完成规定功能的概率。

对于一次性使用装备(产品)，其计算公式为

$$P_S = \frac{N_S}{N_T} \times 100\%$$

式中　P_S——任务成功率；
　　　N_S——任务成功次数；
　　　N_T——总的任务次数。

这种成功概率的计算只是一个估计值，一般用非参数法计算得到成功概率的单侧置信下限。论证时不仅要提出 P_S 要求，同时应考虑要求的置信水平和试验的样本量。对于导弹、弹药等一次性使用的产品，应采用发射成功概率、飞行成功概率等术语来描述其可靠性水平。

5.3.36　Equipment Integrity Rate　装备完好率

◆ 缩略语：EIR

释　义　是指装备能随时遂行作战任务的完好数与实有数的比值。通常用百分数表示。主要用以衡量武器装备的技术状态和管理水平，以及武器装备对作战、训练、执勤的可能保障程度。

$$P_{or} = R(t) + Q(t) \times P(t_m < t_d)$$

式中　$R(t)$——装备在执行任务前不发生故障的概率;
　　　$Q(t)$——装备在执行任务前的故障概率,$Q(t)=1-R(t)$;
　　　t——任务持续时间(h);
　　　t_m——装备的修理时间(h);
　　　t_d——从发现故障到任务开始的时间(h);
　　　$P_{(t_m<t_d)}$——在 t_d 时间内完成维修的概率。

5.3.37　Equipment Disrepair Rate　装备失修率

释义　是指在一定时间内失修的装备数量与需修理装备数量的比值。

$$R_{ED}=\frac{N_U}{N_N}\times100\%$$

式中　R_{ED}——装备失修率;
　　　N_U——失修的装备数量;
　　　N_N——需修理的装备数量。

5.3.38　Equipment Repair Rate　装备返修率

释义　是指在一定时间内返修的装备数量与修理完成装备数量的比值。

$$R_{ER}=\frac{N_R}{N_C}\times100\%$$

式中　R_{ER}——装备返修率;
　　　N_R——返修的装备数量;
　　　N_C——修理完成的装备数量。

5.3.39　Equipment Loss Rate　装备战损率

◆ 缩略语:ELR

释义　一次战斗终了或一定作战时间后,装备损失的数量(通常是参战数减去战终完好数)占参战数量的比率。装备战损率是参谋部门用以衡量部队持续作战能力、计划请领、调配装备的基本依据。

$$R_{EL}=\frac{N_D}{N_A}\times100\%$$

式中　R_{EL}——装备战损率；
　　　N_D——装备战损数（报废或暂时没有修复）；
　　　N_A——装备参战数。

5.3.40　Equipment Damage Rate　装备损伤率

◆　缩略语：EDR

释　义　是指装备损伤次数占参战数的百分比。通常，一次作战装备的损伤率大于或等于战损率，是装备维修保障部门筹划保障行动筹措保障资源的依据。

$$R_{ED} = \frac{N_D}{N_A} \times 100\%$$

式中　R_{ED}——装备损伤率；
　　　N_D——装备损伤数；
　　　N_A——装备参战数。

5.3.41　Electromagnetic Environmental Effect　电磁环境效应

释　义　是指由各种无线电波、电磁、电压、电磁脉冲等对装备引起的与之相关的失效或严重影响。

5.3.42　Combat Readiness Rate　战备完好率

◆　缩略语：CRR

释　义　当要求装备投入作战（使用）时，装备准备好能够执行任务的概率。

$$P_{or} = R(t) + Q(t) \times P(t_m < t_d)$$

式中　$R(t)$——装备在执行任务前不发生故障的概率；
　　　$Q(t)$——装备在执行任务前的故障概率，$Q(t) = 1 - R(t)$；
　　　t——任务持续时间（h）；
　　　t_m——装备的修理时间（h）；
　　　t_d——从发现故障到任务开始的时间（h）；
　　　$P(t_m < t_d)$——在 t_d 时间内完成维修的概率。

5.3.43 Aircraft Utilization 飞机利用率

◆ **释 义**　是指每架飞机昼夜平均实际飞行时数。

5.3.44 Maintenance Man – Hour Ratio 维修工时率

◆ 缩略语：MMHR

◆ **释 义**　装备每工作小时的平均维修工时。维修工时率是与维修人力有关的一种维修性参数，又称维修性指数。其度量方法为：在规定的条件下和规定的时间内，装备维修工时总数（包括预防性维修工时、修复性维修工时和维修延误工时）与该装备寿命单位总数之比。其度量单位是：工时/小时。

$$M_\mathrm{I} = \frac{M_\mathrm{MH}}{T_\mathrm{OH}}$$

式中　M_I——维修工时率；

M_MH——装备在规定的使用期间内的维修工时数；

T_OH——装备在规定的使用期间内的工作小时数。

5.3.45 Fault Detection Rate 故障检测率

◆ 缩略语：FDR

◆ **释 义**　是指被测试项目在规定期间内发生的所有故障，在规定条件下用规定的方法能够正确检测出的百分比。

$$R_\mathrm{FD} = \frac{N_\mathrm{D}}{N_\mathrm{T}} \times 100\%$$

式中　R_FD——故障检测率；

N_D——在同一期间内，在规定条件下用规定方法正确检测出的故障数；

N_T——在规定期间内发生的全部故障数。

5.3.46 Cannot Duplicate Rate 不能复现率

◆ 缩略语：CDR

◆ **释 义**　在野战级维修时，机内测试和其他监控电路指示的故障总数中不能复现的故障数与故障总数之比,用百分数表示。

$$R_{CD} = \frac{N_D}{N_A} \times 100\%$$

式中　R_{CD}——不能复现率;
　　　N_D——故障总数中不能复现的故障数;
　　　N_A——故障总数。

5.3.47　Fault Isolation Rate　故障隔离率

◆ 缩略语：FIR

释义　是指被测试项目在规定期间内已被检出的所有故障,在规定条件下用规定方法能够正确隔离到规定个数(L)以内可更换单元的百分数。

$$R_{FI} = \frac{N_L}{N_D} \times 100\%$$

式中　R_{FI}——故障隔离率;
　　　N_D——在规定期间内发生的全部故障数;
　　　N_L——在规定条件下用规定方法正确隔离到小于或等于 L 个可更换单元的故障数。

5.3.48　Retest Qualified Rate　重测合格率

释义　是指测试设备指示的故障单元总数中重测合格的单元数与故障单元总数之比,用百分数表示。

$$R_{RQ} = \frac{N_R}{N_F} \times 100\%$$

式中　R_{RQ}——重测合格率;
　　　N_R——重测合格的单元数;
　　　N_F——故障单元总数。

5.3.49　Air Parking Rate　空中停车率

释义　飞机发动机在平均每千飞行小时空中停车的次数,是反映发动机可靠性的主要指标。通常因为零件损坏、滑油中断、振动过大、超温等发动机自身因素造成的停车才能计算空中停车率。

$$R_{AP} = \frac{N}{T}$$

式中　R_{AP}——空中停车率；
　　　N——空中停车的次数；
　　　T——飞行小时数（千小时）。

5.3.50　Advance Replacement Rate　提前换发率

◆ 释　义　是指在平均每千飞行小时中，由于发动机本身原因造成的，且是非计划内的换发次数。

$$R_{AR} = \frac{N}{T}$$

式中　R_{AR}——提前换发率；
　　　N——由于发动机本身原因造成的，且是非计划内的换发次数；
　　　T——飞行小时数（千小时）。

5.3.51　Spare Parts Utilization Rate　备件利用率

◆ 缩略语：SPUR

◆ 释　义　是指在规定的时间周期内，实际使用的备件数量与该级别实际拥有的备件总数之比。

$$R_{SU} = \frac{N_{SU}}{N_{SA}} \times 100\%$$

式中　R_{SU}——备件利用率；
　　　N_{SU}——该维修级别备件的实际使用数；
　　　N_{SA}——该维修级别拥有的备件数。

5.3.52　Spare Parts Satisfaction Rate　备件满足率

◆ 缩略语：SPSR

◆ 释　义　是指在规定的时间周期内，提出需求时可提供使用的备件数之和与需求的备件总数之比。

$$R_{SS} = \frac{N_{SA}}{N_{SN}} \times 100\%$$

式中　N_{SS}——备件满足率；

N_{SA}——该维修级别可提供使用的备件数；

N_{SN}——该维修级别需要提供的备件数。

5.3.53　Overhaul Rate　大修返修率

◆ 释　义　　是指报告期内,大修装备回厂返修数量与大修出厂装备总数的比值。

$$R_O = \frac{N_{OC}}{N_{OG}} \times 100\%$$

式中　R_O——大修返修率；

N_{OC}——大修装备回厂返修数量；

N_{OG}——大修出厂装备总数。

5.3.54　Maintenance Completion Probability　维修完成概率

◆ 缩略语：MCP

释　义　　是指在一定时间内,维修保障系统完成的维修保障任务数与申请的维修保障任务数的比值。

$$P_{MC} = \frac{N_C}{N_A}$$

式中　P_{MC}——维修完成概率；

N_C——维修保障系统完成的维修保障任务数；

N_A——申请的维修保障任务数。

5.3.55　Rate of Equipment Utilization　保障设备利用率

◆ 缩略语：REU

释　义　　是指在规定的时间周期内,实际使用的保障设备数量与该级别实际拥有的保障设备总数之比。

$$R_{SEU} = \frac{N_{EU}}{N_{TE}} \times 100\%$$

式中　R_{SEU}——保障设备利用率；
　　　N_{EU}——该维修级别保障设备实际使用数；
　　　N_{TE}——该维修级别拥有的保障设备数。

5.3.56　Guarantee Equipment Satisfaction Rate　保障设备满足率

◆ 缩略语：GESR

释　义　　是指在规定的时间周期内，提出需求时能提供使用的保障设备数之和与需求的保障设备总数之比。

$$R_{SES} = \frac{N_{EA}}{N_{EN}} \times 100\%$$

式中　R_{SES}——保障设备利用率；
　　　N_{EA}——该维修级别能提供使用的保障设备数之和；
　　　N_{EN}——该维修级别需求的保障设备总数。

5.3.57　Intact Rate of Maintenance Equipment　维修设备完好率

释　义　　是指处于完好状态的维修设备数量与配备的维修设备总数的比值。

$$R_{ME} = \frac{N_{GCME}}{N_{ME}} \times 100\%$$

式中　R_{ME}——维修设备完好率；
　　　N_{GCME}——处于完好状态的维修设备数量；
　　　N_{ME}——维修设备总数。

5.3.58　Condition of Maintenance Facilities　维修设施完好率

◆ 缩略语：CMF

释　义　　是指处于完好状态的维修设施数量与维修设施总数的比值。

$$C_{MF} = \frac{N_{GCMF}}{N_{MF}} \times 100\%$$

式中 C_{MF}——维修设施完好率；
N_{GCMF}——处于完好状态的维修设施数量；
N_{MF}——维修设施总数。

5.3.59 Aircraft Maintenance Grounded Rate 飞机维修停飞率

释 义 是指在一定时限内因维修原因而处于停飞状态的飞机数与在队飞机总数的比值。通常用百分比表示为

$$P = \frac{n}{m} \times 100\%$$

式中 P——飞机维修停飞率；
n——停飞状态飞机数；
m——在编飞机总数。

5.3.60 Maintenance Downtime Rate 维修停机时间率

释 义 是指装备(产品)每工作小时维修停机时间的平均值。此处的维修包括修复性维修和预防性维修。其度量方法为：在规定条件下和规定期间内，装备修复性维修时间与预防性维修时间之和与总工作时间之比。

维修停机时间率实质上是可用性参数，不仅与维修性有关，也与可靠性有关。该指标反映了装备单位工作时间的维修负担，及对维修人力和保障费用的需要。

$$M_{DT} = \frac{T_C + T_P}{T}$$

式中 M_{DT}——维修停机时间率；
T_C——修复性维修时间；
T_P——预防性维修时间；
T——总工作时间。

5.3.61 Consumption Rate 消耗率

释 义 是指一定时期内消耗或消费的某项物品的平均数量，按适用的固定算法，用最适当的度量单位来表示。

5.3.62 Funded Operations Utilization Indicator 维修能力利用率指标

释义 表示基地级维修的实际使用能力与基地级维修基本能力的一致性程度,计算公式为

$$\frac{实际使用能力指标}{基本能力指标} \times 100\%$$

5.3.63 Core Capability Attainment Indicator 核心维修能力满足度指标

释义 表示基地级核心维修能力与核心维修能力需求之间的一致性程度,计算公式为

$$\frac{核心维修能力指标}{核心维修能力需求} \times 100\%$$

5.3.64 Core Capability Utilization Indicator 核心维修能力利用率指标

释义 是指可用的核心维修能力与核心维修能力之间的一致性程度,计算公式为

$$\frac{实际使用核心维修能力指标 + 储备能力指标}{核心维修能力} \times 100\%$$

5.3.65 Annual Paid Hours 年日历工时

◆ 缩略语:APH

释义 是指按照单个班次每周40小时计算,每个维修人员每年包括假期在内的总工作时间。

5.3.66 Annual Productive Hours 年维修时间

释义 是指每个维修人员由年日历时间每年扣除公共假期、休假、培训和其他被认可的间接工作时间后,直接进行维修工作的时间。

5.3.67 Availability Factor 可用性系数

◆ 缩略语：AF

释义 是指一年中单班工作岗位可用于完成直接维修工作的百分比。主要包括：设施设备因校准、维护和修理导致的无法使用，公用事业故障，计划外的设施关闭，设备安装、重置等造成的影响。

5.3.68 Maintenance Man–Hours 维修工时

◆ 缩略语：MMH

释义 是指进行维修作业的维修人员数乘以工作时数或各个维修人员维修时数之和。

$$T_{MMH} = N_P \times T_P$$

式中 T_{MMH}——维修工时；
N_P——维修人员数；
T_P——工作时数。

5.3.69 Direct Labor Hours 直接维修工时

◆ 缩略语：DLH

释义 是指在特定时间段内，为完成特定的维修任务所付出的有效工作时间，是衡量基地级维修能力、维修任务等通用度量标准，表示一线维修人员或其他直接参与维修的工作人员等1小时的直接维修工作。

5.3.70 Indirect Labor Hours 间接维修工时

◆ 缩略语：ILH

释义 是指所有未归类为直接维修工作的工时量。

5.3.71 Mean Time to Repair 平均修复时间

◆ 缩略语：MTTR

释义 是指排除故障所需实际修复时间的平均值。其度量方法为：

在给定期间内,修复时间的总和与修复次数 N 之比。

$$\bar{M}_{ct} = \frac{\sum_{i=1}^{N} t_i}{N}$$

式中　$\bar{M}_{ct}$——平均修复时间;

　　　N——修复次数。

5.3.72　Mean Time to Service　平均维护时间

◆ 缩略语:MTS

释　义　　装备总维护时间与维护次数之比。

$$M_{TTS} = \frac{T_A}{N_A}$$

式中　M_{TTS}——平均维护时间;

　　　T_A——装备总维护时间;

　　　N_A——维护次数。

5.3.73　Mean Time to Maintenance　平均维修时间

◆ 缩略语:MTTM

释　义　　是指装备每次维修所需时间的平均值。其度量方法为:在规定的条件下和规定的期间内,装备(产品)修复性维修和预防性维修总时间与该产品维修总次数之比。平均维修时间 $\bar{M}$ 的计算公式为

$$\bar{M} = \frac{\lambda \bar{M}_{ct} + f_p \bar{M}_{pt}}{\lambda + f_p}$$

式中　λ——装备的故障率,$\lambda = \sum_{i=1}^{n} \lambda_i$;

　　　f_p——装备预防性维修的频率(f_p 和 λ 应取相同的单位),$f_p = \sum_{j=1}^{m} f_{Rj}$;

　　　$\bar{M}_{ct}$——平均修复性维修时间;

　　　$\bar{M}_{pt}$——平均预防性维修时间。

5.3.74　Mean Time Between Failures　平均故障间隔时间

◆　缩略语：MTBF

释　义　　是指可修复装备(产品)的一种基本可靠性参数。其度量方法为：在规定的条件下和规定的期间内，产品寿命总时长与故障总次数之比。

$$T_{BF} = \frac{T_O}{N_T}$$

式中　T_{BF}——平均故障间隔时间；
　　　T_O——总寿命单位；
　　　N_T——故障总数。

5.3.75　Mean Fault Detection Time　平均故障检测时间

◆　缩略语：MFDT

释　义　　是指从开始故障检测到给出故障指示所经历的时间的平均值。

$$T_{FD} = \frac{\sum_{i=1}^{N_D} t_{Di}}{N_D}$$

式中　T_{FD}——平均故障检测时间；
　　　t_{Di}——检测并指示第 i 个故障所需的时间；
　　　N_D——被检测出的故障数。

5.3.76　Mean Guarantee Delay Time　平均保障延误时间

◆　缩略语：MGDT

释　义　　是指在规定的时间内，保障资源延误时间的平均值，主要是指为获取必要的保障资源而引起的延误时间。如未得到备件、保障设备等所引起的延误时间。平均保障延误时间 T_{MGD} 的计算公式为

$$T_{MGD} = \frac{T_{GD}}{N_{GD}}$$

式中　M_{GTD}——平均保障延误时间；

T_{GD}——保障延误总时间；

N_{GD}——保障事件总数。

5.3.77 Mean Administrative Delay Time　平均管理延误时间

◆ 缩略语：MADT

释　义　　是指管理延误时间的平均值。其度量方法为：在规定的期间内，管理延误总时间与保障事件总数之比。平均管理延误时间 T_{MAD} 的计算公式为

$$T_{MAD} = \frac{T_{AD}}{N_{GD}}$$

式中　T_{MAD}——平均管理延误时间；

T_{AD}——管理延误总时间；

N_{GD}——保障事件总数。

5.3.78 Mean Time to Restore System　系统平均恢复时间

◆ 缩略语：MTTRS

释　义　　是指与战备完好性有关的一种维修性参数。其度量方法为：在规定的条件下和规定的期间内，由不能工作事件引起的系统修复性维修总时间（不包括离开系统的维修时间和卸下部件的修理时间）与不能工作事件总数之比。

$$M_{TTRS} = \frac{T_U}{N_U}$$

式中　M_{TTRS}——系统平均恢复时间；

T_U——由不能工作事件引起的系统修复性维修总时间；

N_U——不能工作事件总数。

5.3.79 Mean Time Between Maintenance　平均维修间隔时间

◆ 缩略语：MTBM

释　义　　是指在使用寿命内，每经历一次维修所间隔的时间。度量方法为：在规定的条件下和规定的期间内，装备寿命时长与该装备计划维修和非

计划维修事件总数之比。其计算公式为

$$T_{BM} = \frac{T_O}{N_M}$$

式中 T_{BM}——平均维修间隔时间；
T_O——装备寿命总时长；
N_M——维修总次数。

平均维修间隔时间是一个综合考虑计划维修和非计划维修、维修策略（管理）等因素有关的一个可靠性参数，该参数仅适用于可修装备，属使用参数，应在使用阶段用演示试验或实际观测的方法进行评估。

5.3.80 Mean Time Between Demands 平均需求间隔时间

◆ 缩略语：MTBD

释义 是指与保障资源有关的一种可靠性参数。其度量方法为：在规定的条件下和规定的期间内，装备寿命时长与对装备组成部分需求总次数之比。需求的装备组成部分，如现场可更换单元、车间可更换单元等。

$$M_{TBD} = \frac{L_A}{N_A}$$

式中 M_{TBD}——平均需求间隔时间；
L_A——装备寿命单位时长；
N_A——对装备组成部分需求总次数。

5.3.81 Mean Time Between Removals 平均拆卸间隔时间

◆ 缩略语：MTBR

释义 是指与保障资源有关的一种可靠性参数。其度量方法为：在规定的条件下和规定的期间内，装备寿命时长与从该装备上拆下其组成部分的总次数之比。其中不包括为便于其他维修活动或改进装备而进行的拆卸。

$$M_{TBR} = \frac{L_A}{N_A}$$

式中 M_{TBR}——平均拆卸间隔时间；
L_A——装备寿命单位时长；
N_A——从该装备上拆下其组成部分的总次数。

5.3.82 Mission Time to Restore Function　恢复功能任务时间

◆ 缩略语：MTTRF

释　义　是指与任务成功有关的一种维修性参数。其度量方法为：在规定的任务剖面和规定的维修条件下，装备致命性故障的总修复性维修时间与致命性故障总数之比。恢复功能用的任务时间 T_{MRF} 的计算公式为

$$T_{MRF} = \frac{T_{TMRF}}{N_{TM}}$$

式中　T_{MRF}——恢复功能任务时间；
　　　T_{TMRF}——致命性故障总修复性维修时间；
　　　N_{TM}——致命性故障总数。

5.3.83 Mean Preventive Maintenance Time　平均预防性维修时间

◆ 缩略语：MPMT

释　义　是指装备每次预防性维修所需时间的平均值。平均预防性维修时间的计算公式为

$$\bar{M}_{pt} = \frac{\sum_{j=1}^{M} f_{Rj} \bar{M}_{ptj}}{\sum_{j=1}^{m} f_{Rj}}$$

式中　$\bar{M}_{pt}$——平均预防性维修时间；
　　　f_{Rj}——第 j 项预防性维修作业的频率，通常以装备每工作小时分担的 j 项维修作业数计；
　　　$\bar{M}_{ptj}$——第 j 项预防性维修作业所需的平均时间；
　　　m——预防性维修作业的项目数。

预防性维修时间不包括装备在工作的同时进行的维修作业时间，也不包含供应和行政管理延误时间。

5.3.84 Mean Time to Repair　平均修复性维修时间

◆ 缩略语：MTTR

释　义　是指装备维修性设计参数，反映维修人力费用。表示在人

力、备品备件、维修设备等资源都备齐的条件下,装备在基层级修复故障所用时间的平均值。

$$\bar{M}_{CT} = \frac{T_{CM}}{N_T}$$

式中　$\bar{M}_{CT}$——平均预防性维修时间;
　　　T_{CM}——修复性维修总时间;
　　　N_T——故障总数。

5.3.85　Mean Logistics Delay Time　平均保障资源延误时间

◆ 缩略语:MLDT

释　义　是指保障资源延误时间的平均值。其度量方法为:在规定的期间内,保障资源延误总时间与保障事件总数之比。

$$M_{LDT} = \frac{T_A}{E_A}$$

式中　M_{LDT}——平均保障资源延误时间;
　　　T_A——保障资源延误总时间;
　　　E_A——保障事件总数。

5.3.86　Mean Time Between Maintenance Actions 平均维修活动间隔时间

◆ 缩略语:MTBMA

释　义　是指在使用寿命内,每经历一次维修活动所间隔的时间。其度量方法为:在规定的条件下和规定的期间内,装备寿命总时长与该装备预防性维修和修复性维修活动总数之比。

$$M_{TBMA} = \frac{L_A}{P_A}$$

式中　M_{TBMA}——维修事件的平均直接维修工时;
　　　L_A——装备寿命总时长;
　　　P_A——装备预防性维修和修复性维修活动总数。

5.3.87 Mean Time Between Critical Failures 平均致命性故障间隔时间

◆ 缩略语：MTBCF

【释　义】　与任务有关的一种可靠性参数，也称严重故障间隔时间。其度量方法为：在规定的一系列任务剖面中，装备任务总时间与致命性故障总数之比。

$$T_{BCF} = \frac{T_{OM}}{N_{TM}}$$

式中　T_{BCF}——平均致命性故障间隔时间；
　　　T_{OM}——任务总时间；
　　　N_{TM}——在任务总时间内发生的致命性故障数。

5.3.88 Mean Failure Interval Flight Hours 平均故障间隔飞行小时

◆ 缩略语：MFIFH

【释　义】　是度量军用飞机整机和机上可修复装备使用可靠性的一种参数，用于使用效果评估。其计算方法为：在规定时间内，装备积累的总飞行小时与同一期间内的故障总数（地面工作和空中飞行期间所发生的所有故障）之比。

$$T_{FIF} = \frac{T_F}{N_F}$$

式中　T_{FIF}——平均故障间隔飞行小时；
　　　T_F——产品总飞行小时数；
　　　N_F——总故障数。

5.3.89 Mean Time Between System Downing 系统平均不工作间隔时间

◆ 缩略语：MTBSD

【释　义】　是指软件系统可靠性的度量指标。设 T_V 为软件正常工作总时间，d 为软件系统由于软件故障而停止工作的次数，则

$$T_{BSD} = \frac{T_V}{d+1}$$

式中　T_{BSD}——系统平均不工作间隔时间。

5.3.90 Mean Time Between Downing Events
平均不能工作事件间隔时间

◆ 缩略语：MTBDE

释义 是指在规定的条件下和规定的期间内,装备寿命总时长与不能工作的事件总数之比,是与战备完好性有关的一种可靠性参数。

$$M_{\mathrm{TBDE}} = \frac{T_{\mathrm{A}}}{U_{\mathrm{A}}}$$

式中 M_{TBDE}——平均不能工作事件间隔时间；
T_{A}——装备寿命总时长；
U_{A}——不能工作的事件总数。

5.3.91 Direct Maintenance Man – Hours per Maintenance Action
维修活动平均直接维修工时

◆ 缩略语：DMMH/MA

释义 是指与维修人力需求有关的一种维修性参数。其度量方法为:在规定的条件下和规定的期间内,装备的直接维修工时总时长与该装备预防性维修和修复性维修活动总数之比。

$$D_{\mathrm{MMHMA}} = \frac{D_{\mathrm{A}}}{P_{\mathrm{A}}}$$

式中 D_{MMHMA}——维修活动的平均直接维修工时；
D_{A}——装备的直接维修工时总时长；
P_{A}——装备预防性维修和修复性维修活动总数。

5.3.92 Direct Maintenance Man – hours per Maintenance Event
维修事件平均直接维修工时

◆ 缩略语：DMMH/ME

释义 是指与维修人力需求有关的一种维修性参数。其度量方法为:在规定的条件下和规定的期间内,装备的直接维修工时总数与该装备预防性维修和修复性维修事件总数之比。

$$D_{\text{MMHME}} = \frac{D_{\text{A}}}{P_{\text{A}}}$$

式中 D_{MMHME}——维修事件的平均直接维修工时；

D_{A}——装备的直接维修工时总数；

P_{A}——装备预防性维修和修复性维修事件总数。

缩略语①

A		
A5	Advanced Automation for Agile Aerospace Applications	美国空军先进自动化系统*
AAFA	Army Aviation Flight Activity	陆军航空飞行机构
AAOF	Army Aviation Operating Facility	陆军航空作业机构
AASF	Army Aviation Support Facility	陆军航空兵保障设施
AAV	Amphibious Assault Vehicle	两栖突击车*
AB	Advanced Base	前进基地
ABR	Agreement for Boat Repair	《舰船维修协议》
ACC	Army Contracting Command	陆军合同司令部
ACO	Administrative Contracting Officer	合同保障行政管理军官
ACOM	Army Command	陆军司令部*
ACS	Agile Combat Support	敏捷战斗保障
ACT	Activity	单位 机构 设施 职能 任务 行动 活动
ACTD	Advanced Concept Technology Demonstration	先进概念技术演示*
ADP	Army Doctrine Publication	陆军条令出版物*
ADRP	Army Doctrine Reference Publication	陆军条令参考出版物*
ADT	Air frame Digital Twin	飞机数字孪生体*
ADUSD (MR&MP)	Assistant Deputy Under Secretary of Defense for Materiel Readiness and Maintenance Policy	负责物资战备与维修政策的国防部副部长助理*
AETF	Air and Space expeditionary task force	航空航天远征特遣部队
AF	Availability Factor	可用性系数

---

① *为常用但本书未做释读的术语,在缩略语表中列出,供读者参考.

续表

	A	
AFAB	Air Force Audit Bureau	空军审计局
AFEDW	Air Force Enterprise Data Ware house	空军企业级数据仓库*
AFLMB	Air Force Logistics Management Bureau	空军后勤管理局
AFSB	Army Field Support Brigade	野战支援旅
AFSBn	Army Field Support Battalion	陆军野战支援营
AFMC	Air Force Materiel Command	空军装备司令部
AGR	Active Guard and Reserve	国民警卫队和后备役部队现役成员
AIA	Aerospace Industries Association of America	美国宇航工业协会
AIT	Automated Identification Technology	自动识别技术
AIT	Artificial Intelligence Technology	人工智能技术
AL	Agile Logistics	敏捷后勤
ALC	Air Logistics Complexes	空军保障中心
ALIS	Autonomic Logistics Information System	自主保障信息系统
ALS	Average Life Span	平均寿命
ALSS	Advanced Logistics Support Site	前进后勤支援站(点)
ALSS	Aviation Logistics Support Ship	航空兵后勤保障舰船
AM	Additive Manufacturing	增材制造技术
AM－LCMC	Aviation And Missile Life Cycle Management Command	航空与导弹寿命周期管理司令部
AMC	Army Materiel Command	陆军装备司令部
AMCOM	Air Mobility Command	空中机动司令部
AMG	Aircraft Maintenance Group	飞机维修大队
AMMDB	Army Manpower Requirements Criteria Maintenance Database	陆军人力需求标准维修数据库*
AMMS	Automatic Maintenance Management System	自动化维修管理系统*
AMS	Aircraft Maintenance Squadron	飞机维修中队

续表

	A	
AMSA	Area Maintenance Support Activity	区域维修保障机构
AMSF	Area Maintenance and Supply Facility	区域维修与供应设施*
AMT	Asset Marking and Tracking	资产标识和跟踪
AMU	Aircraft Maintenance Unit	飞机维修队*
ANAD	Anniston Army Depot	安妮斯顿陆军装备修理基地
Ao	Operational Availability	使用可用度
AOC	After Operation Checks	使用后检查
APE	Ammunition Peculiar Equipment	弹药专用装备
APF	Afloat Pre-positioning Force	海上预置部队
APH	Annual Paid Hours	年日历工时
APP	Albany Production Plant	奥尔巴尼工厂
APS	Army Pre-positioned Stocks	陆军预置预储
APU	Auxiliary Power Unit	辅助动力装置*
AR	Augmented Reality	增强现实技术
AR	Army Regulation	陆军条例*
ARM	Advanced Robotics Manufacturing	美国国防部高级机器人制造创新中心*
ARMGS	Augmented Reality Maintenance Guidance System	增强现实维修引导系统
AR NDTT	AR Non-Destructive Testing Technology	AR无损检测技术
ARSTAF	Army Staff	陆军参谋部*
ARV	Armored Recovery Vehicle	装甲抢修车
ASA	Army Service Area	集团军勤务地域
ASA(ALT)	Assistant Secretary of the Army for Acquisition, Logistics and Technology	负责采办、后勤与技术的陆军部部长助理*
ASA(FM & C)	Assistant Secretary of the Army for Financial Management and Comptroller	负责财务管理与审计的陆军部部长助理*

续表

	A	
ASA(M&RA)	Assistant Secretary of the Army for Manpower and Reserve Affairs	负责人力与预备役事务陆军部部长助理*
ASB	Aviation Support Battalion	航空保障营*
ASC	Army Support Command	陆军支援司令部
ASC(A)	Assault Support Coordinator(airborne)	突击保障协调员(机载)
ASCC	Army Service Component Command	陆军兵种司令部*
ASD	Assistant Secretary of Defense	国防部部长助理*
ASD	Aerospace and Defence Industries Association of Europe	欧洲宇航和防务工业协会
ASD(L&MR)	Assistant Secretary of Defense (Logistics and Materiel Readiness)	负责后勤与装备战备完好性的国防部部长助理*
ASE	Aviation Support Equipment	航空兵保障装备*
ASF	Aviation Support Facility	航空兵保障机构
ASIOE	Associated Support Items of Equipment	保障装(设)备
ASIP	Aircraft Structural Integrity Program	飞机结构完整性计划
ASL	Authorized Stockage List	核准库存清单
ATE	Automatic Test Equipment	自动测试设备
ATP	Army Techniques Publication	陆军技术出版物*
ATS	Automatic Test System	
ATTP	ArmyTactics,Techniques,And Procedures	陆军战术、技术和程序出版物*
AVCRAD	Aviation Classification and Repair Activity Depot	航空兵分类与修理基地
AVUM	Aviation Unit Maintenance	航空分队维修*
AWACS	Airborne Warning and Control Systems	机载预警和控制系统*
AWPS	Army Workload and Performance System	陆军工作和绩效系统

续表

B		
BCA	Business Case Analysis	商业案例分析*
BCT	Brigade Combat Team	旅战斗队*
BBEA	Bare Base Expeditionary Airfield	简易远征机场
BDA	Battlefield Damage Assessment	战场损伤评估
BDAR	Battlefield Damage Assessment and Repair	战场损伤评估与修复
BDR	Battle Damage Repair	战斗损伤修复
BFLC	Battle Force Logistics Coordinator	战斗部队后勤协调官*
BII	Base Issue Item	基本发行产品
BIT	Built-In Test	机内测试
BITE	Built-In Test Equipment	嵌入式测试设备
BL	Basic Load	基本携行量
BLSM	Base Level System Modernization	基地级系统现代化*
BLST	Brigade Logistics Support Teams	旅后勤保障队*
BOC	Before Operation Checks	使用前检查
BOS	Base Operating Support	基地运行保障
BOS-I	Base Operating Support-Integrator	基地运行保障主管
BPP	Barstow Production Plant	巴斯托工厂
BPT	Beach Party Team	滩头保障队（组）
BRAC	Base Realignment and Closure	基地调整与关闭*
BSA	Beach Support Area	滩头支援区
BSB	Brigade Support Battalions	旅保障营
BSSG	Brigade Service Support Group	旅勤务保障大队*
BTB	Brigade Troops Battalion	旅部营*
C		
C^{4}ISR	Command, Control, Communications, Computers, Intelligence, Surveillance, and Reconnaissance	指挥、控制、通信、计算机、情报、监视和侦察*

续表

	C	
C&C	Collection and Classification Company	收集与分类连
CAAF	Contractors Authorized to Accompany the Force	伴随保障合同商
CAB	Combat Aviation Brigade	战斗航空旅保障队*
CAMS	Core Automatic Maintenance System	核心自动化维修系统
CATS	Common Aviation Tool System	通用航空工具系统
CBM	Condition-Based Maintenance	基于状态的维修
CBM+	Condition-Based Maintenance Plus	增强型基于状态的维修
CCAD	Corpus Christi Army Depot	科珀斯·克里斯蒂陆军装备修理基地
CCBN	Contracting Contingency Battalion	应急合同保障营*
CCIMS	Corrosion Control Information Management System	腐蚀防控信息管理系统
CCIR	Commander's Critical Information Requirement	指挥官关键信息需求*
CCMD	Combatant Command	作战司令部*
CCO	Contracting Contingency Officer	应急合同保障官*
CCSPA	Common Contingency Support Package Allowances	通用应急保障成套物资配备表
CCT	Contracting Contingency Team	应急合同保障小组*
CDR	Cannot Duplicate Rate	不能复现率
CE	Concurrent Engineering	并行工程
CE-LCMC	Communications-Electronics Life Cycle Management Command	通信电子设备寿命周期管理司令部
CG	Gruiser Guided Missile	导弹巡洋舰
CI	Critical Item	短缺物品
CIL	Critical Item List	短缺物品清单
CITS	Central Integrated Test System	中央一体化测试系统
CJCS	Chairman of the Joint Chiefs of Staff	参谋长联席会议主席*

续表

	C	
CJCSI	Chairman of the Joint Chiefs of Staff Instruction	参谋长联席会议主席指令
CJCSM	Chairman of the Joint Chiefs of Staff Manual	参谋长联席会议主席手册*
CLF	Combat Logistics Force	战斗后勤部队*
CLLSE	Corps Level Logistics Support Elements	军级后勤保障分队*
CLPSB	Combatant Commander Logistic Procurement Support Board	作战指挥官后勤采购支援委员会*
CLS	Contractor Logistics Support	合同商后勤保障*
CM	Contract Maintenance	合同维修
CMF	Condition of Maintenance Facilities	维修设施完好率
CMT	Contact Maintenance Team	巡回维修组*
CNAFR	Commander Naval Air Forces, Reserve	海军航空兵预备役司令*
CNATRA	Chief Naval Air Training	海军航空兵训练部部长*
CNO	Chief of Naval Operations	海军作战部部长*
CNRMC	Commander Navy Regional Maintenance Center	海军区域维修中心司令*
CO	Contracting Officer	合同保障官
COEI	Component of End Item	成品组件
COLS	Concept of Logistic Support	后勤保障方案
COMFRC	Commander, Fleet Readiness Centers	舰队战备完好性中心指挥官*
COMMAR-CORLOG-BASES	Commander, Marine Corps Logistics Bases	海军陆战队后勤基地司令
COMMZ	Communications Zone	后勤地幅/地域/地带
COMNAVSUP	Commander, Naval Supply Systems Command	海军供应系统司令部*

续表

	C	
COMP	Component	部件
CONUS	Continental United States	美国本土*
COR	Contracting Officer Representative	合同保障官代表
COSCOM	Corps Support Command	军支援司令部
COTS	Commercial Off-The-Shelf	货架商品*
CP	Capstone Publication	顶级出版物
CRC	Component Repair Company	部件修理连
CRDC	CECOM Research and Development Center	通信电子司令部研发中心*
CRR	Combat Readiness Rate	战备完好率
CRT	Combat Repair Team	战斗修理组*
CRT/FMTS	CRT/FMT Stock	战斗修理组/野战修理组库存品
CS	Combat Support	战斗支援*
CS	Contractor Support	合同商保障
CSA	Chief of Staff, U.S. Army	美国陆军参谋长*
CSA	Combat Support Agency	战斗支援机构*
CSB	Contracting Support Brigade	合同保障旅
CSI	Critical Safety Item	关键安全产品
CSMS	Combined Support Maintenance Shop	综合保障维修车间*
CSO	Customer Service Organization	用户服务机构*
CSP	Contingency Support Package	应急保障成套物资
CSS	Combat Service Support	战斗勤务保障
CSSA	Combat Service Support Area	战斗勤务保障区
CSSAMO	Combat Service Support Automation Management Office	战斗勤务保障自动化管理办公室*
CSSB	Combat Sustainment Support Battalion	战斗支援保障营

续表

	C	
CSSD	Combat Service Support Detachment	战斗勤务保障分遣队
CSSE	Combat Service Support Element	战斗勤务保障要素
CTA	Common Table of Allowances	通用配额表*
CTASC	Corps Theater Automatic Service Center	军战区自动化数据处理服务中心*
CTK	Composite Tool Kit	复合工具套件
CUL	Common–User Logistics	通用后勤
CV	Combat Vehicle	战斗车辆
CVE	Combat Vehicle Evaluation	战斗车辆评估*
CWO	Customer Work Order	用户工作指令*
CWT	Customer Wait Time	用户等候时间*
	D	
DA	Deportment of the Army	陆军部
DAF	Department of the Air Force	空军部
DAFL	Directive Authority For Logistics	后勤指令权*
DBL	Distribution Based Logistics	配送式后勤
DCMA	Defense Contract Management Agency	国防合同管理局
DDMC	Defense Depot Maintenance Council	国防基地维修委员会*
DDOC	Deployment and Distribution Operations Center	部署与配送行动中心（美军运输司令部）*
DECKP-LATE	Decision Knowledge Programming for Logistics Analysis and Technical Evaluation	决策知识规划系统*
DFT	Depot Field Team	基地野战修理组*
DIB	Defense Industrial Base	国防工业基地
DLA	Damage Location Analysis	损伤定位技术*
DLA	Defense Logistics Agency	国防后勤局

续表

D		
DLAACOM	DLA Aviation Command	国防后勤局航空司令部
DLADCOM	DLA Distribution Command	国防后勤局配送司令部
DLADISCOM	DLA Disposition Services Command	国防后勤局物资处理勤务司令部
DLAECOM	DLA Energy Command	国防后勤局能源司令部
DLALMCOM	DLA Land And Maritime Command	国防后勤局陆上和海上司令部
DLATSCOM	DLA Troop Support Command	国防后勤局部队保障司令部
DLH	Direct Labor Hours	直接维修工时
DLRI	Depot-Level Reparable Item	基地级可修复件
DM	Distribution Management	配送管理
DM	Depot Maintenance	支援级维修
DMA	Depot Maintenance Activity	支援级（基地级）维修机构
DMC	Distribution Management Center	配送管理中心*
DMISA	Depot Maintenance Inter-Service Support Agreement	基地维修跨军种保障协议*
DMMH/MA	Direct Maintenance Man-Hours per Maintenance Action	维修活动平均直接维修工时
DMMH/ME	Direct Maintenance Man-Hours per Maintenance Event	维修事件平均直接维修工时
DMMP	Depot Maintenance Mobilization Plan	基地维修动员计划*
DMMW	Depot Maintenance Mobilization Workload	基地维修动员工作量*
DMOPS	Depot Management Operations Planning System	基地管理作业计划系统*
DMPE	Depot Maintenance Plant Equipment	基地维修固定设备*
DMSP	Depot Maintenance Support Plan	基地维修保障计划*

续表

	D	
DMWL	Depot Maintenance Workload	基地维修工作量
DMWR	Depot Maintenance Work Request	基地维修工作请求*
DMWR	Depot Maintenance Work Requirement	基地维修工作要求
DOC	During Operations Checks	使用间检查
DoD	Department of Defense	国防部*
DoDAAC	Department of Defense Activity Address Code	国防部机构地址代码
DoD CIO	Chief Information Officer	国防部首席信息官*
DoDD	Department of Defense Directive	国防部指令*
DoDI	Department of Defense Instruction	国防部指示*
DON	Department of the Navy	海军部
DS	Direct Support	直接支援
DS	Distribution System	配送系统
DTRS	Destroyer Tender Repair Ship	驱逐舰修理船
DTT	Digital Twins Technology	数字孪生技术
DUSD（L&MR）	Deputy Under Secretary of Defense for Logistics and Materiel Readiness	负责后勤与物资战备的副部长帮办
	E	
EA	Executive Agent	执行机构
EAT	Enterprise Asset Tracking	企业资产跟踪
eCASS	Electromagnetic Consolidated Automatic Support System	电子综合自动化保障系统
ECC	Expeditionary Contracting Command	远征合同司令部，美国陆军合同司令部下属机构*
ECC	Equipment Category Code	装备分类代码
ECS	Equipment Concentration Site	装备集中点
ECSS	Expeditionary Combat Support System	远征作战保障系统

续表

	E	
EDR	Equipment Damage Rate	装备损伤率
EDW	Enterprise Data Warehouse	业务数据仓库
EFDD	Embedded Fault Diagnosis Device	嵌入式故障诊断设备
EIC	End Item Code	最终产品代码
EIR	Equipment Integrity Rate	装备完好率
EIR	Equipment Improvement Recommendation	装备改进建议*
ELR	Equipment Loss Rate	装备战损率
EMM	Equipment Maintenance Mission	装备维修任务*
ENDA	Enhanced Diagnostics Aid	增强型诊断助手
ENSIP	Engine Structural Integrity Program	发动机结构完整性计划
EOD	Explosive Ordnance Disposal	爆炸物 弹药处置
EODU	Explosive Ordnance Disposal Unit	爆炸物处理分队
EPD	Equipment Performance Data	装备性能数据
ERC	Equipment Readiness Code	装备战备完好性代码
ESB	Expeditionary Support Base Ships	海军远征基地舰
ESC	Expeditionary Sustainment Command	远征保障司令部
ESSC	Electronics Sustainment Support Center	电子装备维持性保障中心*
ETM	Electronic Technical Manual	电子技术手册*
	F	
FAR	False Alarm Rate	虚警率
FAR	Federal Acquisition Regulation	联邦采办条例*
FARP	Forward Arming and Refueling Point	前方弹药油料补给点
FCA	Failure Criticality Analysis	故障危害性分析
FCSSA	Force Combat Service Support Area	部队战斗勤务保障地域
FDA	Food and Drug Administration	美国食品和药品管理局*
FDR	Fault Detection Rate	故障检测率

续表

F		
FE	Failure Effect	故障影响
FEDC	Field Exercise Data Collection	野战演习数据采集*
FEDLOG	Federal Logistics Record	联邦后勤记录*
FI	Fault Isolation	故障隔离
FI	Final Inspections	最终检查
FILL	Fleet Issue Load List	舰队补给品装货单
FIR	Fault Isolation Rate	故障隔离率
FISC	Fleet and Industrial Supply Center	舰队与工业供应中心
FISP	Fly-In Support Package	飞行进入成套保障物资
FL	Focused Logistics	聚焦后勤
FLC	Fleet Logistics Coordinator	舰队后勤协调官
FLRI	Field-Level Reparable Item	野战级可修复件
FM	Field Maintenance	野战级维修
FM	Failure Mode	故障模式
FMC	Fully Mission Capable	完全任务能力
FMC	Field Maintenance Company	野战维修连
FMEA	Failure Mode and Effect Analysis	故障模式与影响分析
FMECA	Fault Modes, Effects and Criticality Analysis	故障模式、影响及危害性分析*
FMP	Field Maintenance Point	野战维修点
FMS	Field Maintenance Shop	野战维修车间*
FMSA	Field Maintenance Sub Activity	野战维修分机构
FMSO	Fleet Materiel Support Office	舰队物资保障办公室
FOO	Field Ordering Officer	野战订购官
FOS	Follow-On Spares	后续备件
FOSPA	Follow-On Support Package Allowances	后续保障成套物资配备

续表

	F	
FR	Failure Rate	故障率
FRA	Forward Repair Activity	前进修理机构*
FRACAS	Failure Report, Analysis & Corrective Action System	故障报告、分析和纠正措施系统
FRC East	Fleet Readiness Center EAST	东部舰队战备中心
FRC SE	Fleet Readiness Center SE	东南舰队战备中心
FRC SW	Fleet Readiness Center SW	西南舰队战备中心
FRS–H	Forward Repair System – Heavy	重型前方修理系统
FS	Field Support	野战保障
FSC	Forward Support Company	前方保障连
FSCM	Federal Supply Class Management	联邦补给品分类管理
FSM	Forward Support Maintenance	靠前保障维修
FSSG	Force Service Support Group	部队勤务保障大队*
FTA	Fault Tree Analysis	故障树分析
	G	
GBSDS	Ground Based Strategic Deterrent System	陆基战略威慑系统*
GCCS	Global Combat Command & Control System	全球指挥控制系统*
GCSS	Global Combat Support System	全球作战保障系统
GCSS–AF	Global Combat Support System – Air Force	全球作战保障系统空军分系统
GCSS–Army	Global Combat Support System – Army	全球作战保障系统陆军分系统
GCSS–MC	Global Combat Support System – Marine Corps	全球作战保障系统海军陆战队分系统
GESR	Guarantee Equipment Satisfaction Rate	保障设备满足率
GP–TMDE	General Purpose Test, Measurement and Diagnostic Equipment	通用试验、测量和诊断设备

续表

\multicolumn{3}{c}{G}		
GS	General Support	全般支援
GSA	General Services Administration	总务管理局
GSE	Ground Support Equipment	地面保障装备*
GSF	General Support Forces	通用保障力量
GSS	General Shop Support	通用维修保障
\multicolumn{3}{c}{H}		
HAMSTER	Hammer Activated Measurement System for Testing and Evaluating Rubber	锤式激活测量系统
HCA	Head of Contracting Activity	合同保障机构主管
HEMTT	Heavy Expanded Mobility Tactical Truck	重型扩展式战术卡车*
HHC	Headquarters and Headquarters Company	营部与营部连*
HMMWV	High Mobility Multipurpose Wheeled Vehicle	高机动多功能轮式车辆*
HNS	Host-Nation Support	东道国支援
\multicolumn{3}{c}{I}		
I-LIN	I-Line Item Number	I-系列项目编码
I&C	Inspection and Classification	检查与分类
IETM	Interactive Electronic Technical Manual	交互式电子技术手册
IFDIS	Intermittent fault Detection and Isolation System	间歇性故障检测和隔离
IFDT	Intermittent Fault Diagnosis Techniques	间歇故障测试技术
II	Initial Inspections	初始检查
ILA	Independent Logistics Assessment	独立保障评估*
ILH	Indirect Labor Hours	间接维修工时
ILS	Integrated Logistics Support	综合保障工程
ILS	Integrated Logistics Specifications	综合保障标准
IM	Intermediate Maintenance	中继级维修
IMA	Intermediate Maintenance Activity	中继级维修机构*

续表

	I	
IMCOM	Installation Management Command	设施管理司令部*
IMIS	Integrated Maintenance Information System	综合维修信息系统
IMM	Integrated Materiel Manager	装备综合管理主管
IMM	Integrated Materiel Management	综合物资管理
IMMA	Installation Materiel Maintenance Activity	固定装备维修机构
IMMMA	Internal Mission Materiel Maintenance Activity	国内任务装备维修机构*
IMMO	Installation Materiel Maintenance Officer	固定装备维修机构军官*
IMO	Installation Management Officer	固定装备维修机构管理军官*
IMP	Implementation	实施
IMRL	Individual Materiel Readiness List	单兵战备物资表*
IOC	Initial Operating Capability	初始作战能力
ISA	Installation Support Activity	固定保障机构*
ISS	Inter – Service Support	军种间支援
ISSA	Inter – Service Support Agreement	跨军种保障协议*
ITV	In – Transit Visibility	在运可视性
IUID	Item Unique Identification	产品唯一标识
IUIDT	Item Unique Identification Technology	产品唯一标识技术
IVHM	Integrated Vehicle Health Management	飞行器综合健康管理系统
	J	
J – 4	Logistics Directorate of a Joint Staff	联合参谋部后勤部
JCS	Joint Chiefs of Staff	参谋长联席会议*
JCSB	Joint Contracting Support Board	联合合同支援委员会*
JDDE	Joint Deployment and Distribution Enterprise	联合部署与配送体系
JDDOC	Joint Deployment and Distribution Operations Center	联合部署与配送行动中心*
JDRS	Joint Defect Reporting System	联合缺陷报告系统
JFC	Joint Force Command	联合部队司令部*

续表

	J	
JFUB	Joint Facilities Utilization Board	联合设施利用委员会
JL	Joint Logistics	联合后勤
JLEnt	Joint Logistics Enterprise	联合后勤体系
JLOC	Joint Logistics Operations Center	联合后勤行动中心*
JLOSC	Joint Logistics Over – the – Shore Commander	联合岸滩后勤指挥官
JLOSO	Joint Logistics Over – the – Shore Operation	联合岸滩后勤行动
JM-LCMC	Joint Munitions and Lethality Life Cycle Management Command	联合弹药与致命武器寿命周期管理司令部
JMPAB	Joint Materiel Priorities And Allocation Board	物资优先次序与分配联合委员会
JOA	Joint Operations Area	联合作战区域*
JP	Joint Publication	联合出版物
JPEC	Joint Planning and Execution Community	联合计划与实施机构
JPG	Joint Planning Group	联合计划小组
JS	Joint Servicing	联合勤务
JS	Joint Staff	联合参谋机构 联合参谋部
JSDS	Joint Staff Doctrine Sponsor	联合参谋部作战条令负责人
JTAV	Joint Total Asset Visibility	联合全资产可视化
JTF	Joint Task Force	联合特遣部队*
JTP	Joint Test Publication	联合试行出版物
JTSCC	Joint Theater Support Contracting Command	战区联合合同保障司令部*
	L	
LA	Logistics Assessment	保障评估
LAO	Logistics Assistance office	后勤援助办公室*
LAP	Logistics Assistance Program	后勤援助规划/项目*
LAR	Logistics Assistance Representative	后勤援助代表*

续表

	L	
LAV	Light Armored Vehicle	轻型装甲车辆*
LBE	Left-Behind Equipment	后留装备
LC	Logistics Coordinator	后勤协调官
LC	Life Cycle	寿命周期
LCC	Life-Cycle Costs	寿命周期成本*
LCCA	Life Cycle Cost Analysis	寿命周期费用分析*
LCM	Life-Cycle Management	全寿命周期管理
LCMC	Life-Cycle Management Command	寿命周期管理司令部
LCSEC	Life-Cycle Software Engineer Center	寿命周期软件工程中心*
LCSS	Life-Cycle Software Support	寿命周期软件支持*
LEAD	Letterkenny Army Depot	莱特肯尼陆军装备修理基地
LENS	Laser Engineered Net Sheping	激光工程净成型技术
LFS	Landing Force Supplies	登陆部队补给品
LFSP	Landing Force Support Party	登陆部队保障队*
LHA	Logistics Health Assessment	保障健康评估
LHD	Landing Helicopter Dock	多用途两栖攻击舰*
LIDB	Logistics Integrated Database	后勤综合数据库*
LIMSS	Defense Logistics Information Management Support System	国防部后勤信息管理保障系统
LIN	Line Item Number	系列项目编码
LM	Lean Maintenance	精益维修
LMCC	Logistics Movement Control Center	后勤运输控制中心*
LMI	Logistics Maintenance Information	后勤维修信息*
LMP	Logistics Modernization Program	后勤现代化项目
LMTV	Light Medium Tactical Vehicle	中轻型战术车辆*
LOG	Logistics	后勤

续表

	L	
LOGCAP	Logistics Civilian Augmentation Program	后勤民力增补计划
LOGREP	Logistics Replenishment	后勤补给
LOGSUP	Logistics Support	后勤保障
LORA	Level of Repair Analysis	修理级别分析
LOTS	Logistics Over the Shore	岸滩后勤*
LOTSO	Logistics Over-the-Shore Operations	后勤滩头作业
LPRT	Laser Paint Removal Technology	激光涂层去除技术
LRC	Logistics Readiness Center	后勤战备中心
LRU	Line Replaceable Unit	外场可更换单元
LS	Landing Support	登陆保障
LSA	Logistics Support Analysis	后勤保障分析*
LSA	Logistics Supportability Analysis	后勤可保障性分析
LSAR	Logistics Support Analysis Requirements	后勤保障分析需求*
LSCT	Laser Surface Coating Technology	激光熔覆技术
LSD	Landing Ship Dock	船坞登陆舰
LSE	Logistics Support Element	后勤保障要素*
LSE	Landing Support Equipment	登陆保障装备*
LSE	Corps level Logistics Support Elements	军级后勤保障分队*
LSO	Logistics Support Officer	后勤保障官*
LSS	Lean Six Sigma	精益六西格玛
LST	Logistics Support Teams	后勤保障分队(组)*
LTV	Light Tactical Vehicle	轻型战术车辆*
LZSA	Landing Zone Support Area	登陆区保障地域
	M	
3M	Maintenance and Materiel Management System	维修与器材管理系统
MAC	Maintenance Allocation Chart	维修任务分配表

续表

\multicolumn{3}{c}{M}		
MADT	Mean Administrative Delay Time	平均管理延误时间
MAGTF Ⅱ	Marine Air – Ground Task Force Ⅱ	陆战队空地特遣部队系统Ⅱ
MAGTFⅡ/ LOGAIS	Marine Air – Ground Task Force Ⅱ/ Logistics Automated Information System	陆战队空地特遣部队系统Ⅱ/ 后勤自动化信息系统
MAIT	Maintenance Assistance and Instruction Team	维修援助与指导组*
MARCO-RLOGB-ASES	Marine Corps Logistics Bases	陆战队后勤基地*
MARCOR-LOGCEN	Marine Corps Logistics Center	陆战队后勤中心
MARCOR-MATCOM	Marine Corps Materiel Command	海军陆战队装备司令部*
MARCOR-SYSCOM	Marine Corps Systems Command	海军陆战队系统司令部
MATES	Mobilization and Training Equipment Site	动员和训练装备点
MC	Maintenance Control	维修控制
MCBIC 或 BIC	Marine Corps Blount Island Command	陆战队布朗特岛司令部
MCO	Maintenance Control Officer	维修控制军官*
MCP	Maintenance Completion Probability	维修完成概率
MCPP – N	Marine Corps Pre – positioning Program – Norway	海军陆战队挪威预置计划*
MCS	Maintenance Control Section	维修控制组
MCT	Mobile Contact Team	机动联络组
MDB	Multi – Domain Battle	多域战*
MDMC	Marine Corps Depot Maintenance Command	海军陆战队基地维修司令部
MDSS Ⅱ	Marine Air – Ground Task Force Deployment Support System Ⅱ	陆战队空地特遣部队部署支持系统Ⅱ

续表

M		
ME	Maintenance Engineering	维修工程
ME	Medical Equipment	医疗装备
MEF	Marine Expeditionary Force	陆战队远征部队*
MEL	Maintenance Expenditure Limits	维修费用限制*
MES	Maintenance Expert System	维修专家系统
METTT	Mission, Enemy, Time, Terrain, and Troops Available	任务、敌情、时间、地形与部队可用性*
MEUMSSG	Marine Expeditionary Unit Service Support Group	陆战队远征分队勤务保障队
MFDT	Mean Fault Detection Time	平均故障检测时间
MFIFH	Mean Failure Interval Flight Hours	平均故障间隔飞行小时
MGDT	Mean Guarantec Delay Time	平均保障延误时间
MILDEP	Military Department	军种部
MICC	Mission and Installation Contracting Command	任务与设施合同司令部（美陆军合同司令部下属机构）*
MIIC	Management Interest Item Code	管理关注产品代码*
MILCON	Military Construction	军事设施
MIS	Management Information Systems	管理信息系统*
MJLCC	Multinational Joint Logistics Center or Commander	多国联合后勤中心或司令官
MLC	Marine Logistics Command	海军陆战队后勤司令部
MLDT	Mean Logistics Delay Time	平均保障资源延误时间
MLG	Marine Logistics Group	海军陆战队后勤大队*
MLSE	Multinational Logistics Support Element	多国后勤保障要素*
MMC	Materiel Management Center	物资管理中心
MMES	Mobile Maintenance Equipment Systems	机动维修装备
MMH	Maintenance Man-Hours	维修工时
MMHR	Maintenance Man-Hour Ratio	维修工时率

续表

	M	
MMICS	Maintenance Management Information and Control System	维修管理信息与控制系统*
MND	Multinational Doctrine	多国条令
MNL	Multinational Logistics	多国后勤
MNLCC	Multinational Logistics Center or Commander	多国后勤中心或司令官
MOCT	Mean Overhaul Cycle Time	平均大修周期*
MOS	Maintenance Operations Squadron	维修管理中队
MPF	Maritime Pre-Positioning Force	海上预置部队*
MPH	Mobile Parts Hospital	移动零件医院
MPI	Maintenance Priority Indicator	维修优先级指示符*
MPMT	Mean Preventive Maintenance Time	平均预防性维修时间
MPS	Maritime Pre-positioning Ships	海上预置船
MPSRON	Maritime Pre-positioning Ships Squadron	海上预置船中队*
MR	Mission Reliability	任务可靠度
MRAP	Mine Resistant Ambush Protected	防地雷伏击车*
MRC	Maintenance and Repair Code	维修修理代码*
MRC	Maintenance and Repair Card	维修卡*
MRP	Maintenance Requirements Procedure	维修需求规程*
MRR	Maintenance Replacement Rates	维修换件率*
MS	Maintenance Squadron	维修保障中队
MS	Maintenance Standard	维修标准
MSC	Major Subordinate Command	美国陆军装备司令部下属二级司令部*
MSCOM	Military Sealift Command	军事海运司令部
MSD	Multi-Service Doctrine	多军种(联合作战)条令
MSEP	Medical Standby Equipment Program	医疗备用装备项目

续表

\multicolumn{3}{c}{M}		
MSR	Maintenance Support Regulations	维修保障法规
MSRA	Master Ship Repair Agreement	《舰船修理总协议》
MST	Maintenance Support Team	维修保障组
MT	Maintenance Technician	维修技师
MTBCF	Mean Time Between Critical Failures	平均致命性故障间隔时间
MTBD	Mean Time Between Demands	平均需求间隔时间
MTBDE	Mean Time Between Downing Events	平均不能工作事件间隔时间
MTBF	Mean Time Between Failures	平均故障间隔时间
MTBM	Mean Time Between Maintenance	平均维修间隔时间
MTBMA	Mean Time Between Maintenance Actions	平均维修活动间隔时间
MTBO	Mean Time Between Overhaul	平均大修间隔时间*
MTBR	Mean Time Between Removals	平均拆卸间隔时间
MTBSD	Mean Time Between System Downing	系统平均不工作间隔时间
MTS	Maintenance Training System	维修训练系统
MTS	Mean Time to Service	平均维护时间
MTTM	Mean Time to Maintenance	平均维修时间
MTTR	Mean Time to Repair	平均修复性维修时间
MTTR	Mean Time to Repair	平均修复时间
MTTRF	Mission Time to Restore Function	恢复功能任务时间
MTTRS	Mean Time to Restore System	系统平均恢复时间
MTV	Medium Tactical Vehicle	中型战术车辆*
MWS	Maintenance Work Site	维修工作站
\multicolumn{3}{c}{N}		
NACC	Naval Air Cargo Company	海军航空货运连
NAD	Nonavailable Days	非可用天数
NALCO-MMIS	Naval Aviation Logistics Command Management Information System	海军航空兵后勤司令部管理信息系统*

续表

	N	
NALSS	Naval Advanced Logistics Support Site	海军前进后勤支援站(点)
NAMSDS	Naval Aviation Maintenance Support Data System	海军航空维修保障数据系统
NAVAIR 或 NAVAIRSYSCOM	Naval Air Systems Command	海军航空系统司令部
NAVFLIRS	Naval Aircraft Flight Records System	海军航空记录子系统*
NAVSEA 或 NAVSEASYSCOM	Naval Sea Systems Command	海军海上系统司令部
NAVSUP 或 NAVSUPSYSCOM	Naval Supply Systems Command	海军供应系统司令部
NAVTRANSSUPCEN 或 NTSC	Naval Transportation Support Center	海军运输保障中心
NBG	Naval Beach Group	滩头保障大队
NCHB	Naval Cargo Handling Battalions	海军货物装卸营
NCHPG	Naval Cargo Handling and Port Group	海军货物装卸与港口大队
NCM	Network-Centric Maintenance	以网络为中心的维修
NDTT	Non-Destructive Testing Technology	无损检测技术
NELSF	Naval Expeditionary Logistics Support Force	海军远征后勤保障部队
NESM	Nonexpendable Supplies and Materiel	非消耗性补给品与物资
NFLS	Naval Forward Logistics Site	海军前方后勤站(点)
NICP	National Inventory Control Point	国家库存控制点*
NIMS	National Inventory Management Strategy	国家库存管理策略
NMC	Not Mission Capable	不具备任务能力
NMCM-M	Not Mission Capable Maintenance	非任务能力——维修

续表

	N	
NMCM-S	Not Mission Capable Maintenance Supply	非任务能力——供应
NMP	National Maintenance Program	国家维修规划*
NMWR	National Maintenance Work Requirement	国家维修工作要求*
NNS	Norfolk	诺福克海军船厂
NRMC	Naval Regional Maintenance Center	海军区域维修中心
NRP	Non-Registered Publication	非登记出版物(文件)
NS	Naval Shipyard	海军船厂
NSLIN	Nonstandard Line Item Number	非标准系列项目编码
NSN	National Stock Number	国家库存品编号
NTV	Nontactical Vehicle	非战术车辆*
	O	
OA	Operations Area	作战区域*
OAMTA	Operation and Maintenance Task Analysis	使用与维修工作分析*
OC-ALC	Oklahoma City Air Logistics Complex	俄克拉何马空军保障中心
OCCM	On Condition Cyclic Maintenance	周期性视情维修
OCS	Operational Contract Support	作战合同保障*
OG-ALC	Ogden Air Logistics Complex	奥格登空军保障中心
OMS	Organizational Maintenance Shops	建制维修工厂*
OMSS	Organizational Maintenance Sub-shop	二级建制维修工厂*
OPLOG	Operational Logistics	作战后勤*
OPNAV	Office of the Chief of Naval Operations	海军作战部长办公室*
OR	Operational Readiness	战备状态
ORF	Operational Readiness Float	战备完好性浮动*
OSD	Office of the Secretary of Defense	国防部部长办公室*
OSMIS	Operating and Support Management Information System	使用与保障管理信息系统*

续表

英文缩写	英文全称	中文释义
O		
OT	Operational Test	使用测试*
P		
PBL	Performance–Based Logistics	基于性能的保障
PBUSE	Property Book Unit Supply Enhanced	增强型基层级资产订购与供应系统*
PC	Precombat Checks	任务前检查
PCSPA	Peculiar Contingency Support Package Allowances	专用应急保障成套物资配备表
PDTE	Pre–Deployment Training Equipment	部署前训练装备*
PEO	Program Executive Officer	项目执行官*
PES	Prepositioned Emergency Supplies	预置紧急补给品
PHM	Prognosis and Health Management	故障预测与健康管理系统
PHNS	Pearl Harbor	珍珠港海军船厂
PI	Process Inspections	过程中检查
PI	Pacing Items	步控产品
PLL	Prescribed Load List	规定携行量清单
PM	Product Manager	项目经理*
PM	Preventive Maintenance	预防性维修
PMA	Portable Maintenance Aid	便携式维修辅助装置
PMC	Partially Mission Capable	部分任务能力
PMCS	Preventive Maintenance Checks and Service	预防性维修检查与保养
PMO	Program Management Office	项目管理办公室*
PNS	Portsmouth	朴斯茅斯海军船厂
POD	Port of Debarkation	卸载港
POE	Port of Embarkation	装载港
POMX	Point–of–Maintenance System	维修点便携式保障设备
PS	Precision Support	精确保障

续表

	P	
PS	Private Shipyard	私营船厂
PSC	Production Shop Category	修理线(修理车间)类别
PSNS	Puget Sound	皮吉特海军船厂
PUK	Packup Kit	维修工具箱
PV	Prime Vendor	主供应商(总承包商)
	R	
RA	Rear Area	后方地域
RAM	Reliability Availability Maintainability	可靠性、可用性、维修性*
RAS	Rear Area Security	后方地域安全防护
RBE	Remain-Behind Equipment	后留装(设)备
RC	Repair Cycle	修理周期
RC	Repair Coordinator	修理协调官*
RCF	Repair Cycle Float	修理周期浮动*
RCM	Reliability Centered Maintenance	以可靠性为中心的维修
RCMA	Reliability Centered Maintenance Analysis	以可靠性为中心的维修分析*
RD	Reliability Degree	可靠度
RD&MT	Remote Diagnosis and Maintenance Technology	远程故障诊断与维修技术
RDS	Remote Diagnosis Server	远程诊断服务器
REMIS	Reliability and Maintainability Information System	可靠性与维修性信息系统
REU	Rate of Equipment Utilization	保障设备利用率
RIDB	Readiness Integrated Database	战备完好性综合数据库*
RM	Remote Maintenance	远程维修
RMA	Remote Maintenance Assistant	远程维修助手*
RMC	Regional Maintenance Center	地区维修中心(陆军)
RPC	Repair Parts Code	修理备件编码
RPSTL	Repair Parts and Special Tools List	修理零件与专用工具清单

续表

	R	
RRAD	Red River Army Depot	红河陆军装备修理基地
RRC	Regional Readiness Center	区域战备中心
RRP	Repair and Replenishment Point	修理与补充点
RSC	Regional Support Center	区域保障中心*
RTAS	Remote Technical Assistance System	远程技术辅助系统*
RTSM	Regional Training Site-Maintenance	区域维修训练场*
	S	
SA	Supportability Analysis	保障性分析
SA	Survivability Analysis	生存性分析*
SAIP	Spares Acquisition Integrated with Production	随生产采办备件
SAMS-I	Standard Army Maintenance System-I	标准陆军维修系统-I*
SAMS-E	Standard Army Maintenance System-Enhanced	增强型标准陆军维修系统
SARSS	Standard Army Retail Supply System	标准陆军零星供应系统
SB	Sustainment Brigade	维持旅
SCCT	Senior Contingency Contracting Team	高级应急合同保障小组*
SDDC	Surface Deployment And Distribution Command	军事水陆部署与配送司令部
SE	Support Equipment	保障装(设)备
SECAF	Secretary of the Air Force	空军部长*
SECARMF	Secretary of the Army	陆军部长*
SECDEF	Secretary of Defense	国防部长*
SECM	Shop Equipment Contact Maintenance	车间装备直接维修车
SECMILDEP	Secretary of a Military Department	军种部部长
SECNAV	Secretary of the Navy	海军部长*
SG	Service Group	勤务大队
SI	Substitute Item	替代产品
SICAS	Ship Integrated Condition Assessment System	舰船综合状态评估系统

续表

	S	
SINCGARS	Single Channel Ground and Airborne Radio(sub)System	单信道地空无线电系统*
SLIN	Standard Line Item Number	标准系列项目编码
SLMSC	Squadron-Level Maintenance Support Center	中队级维修保障中心
SM	Sustainment Maintenance	支援级维修
SMC	Support Maintenance Company	支援维修连
SMMA	Satellite Materiel Maintenance Activity	卫星装备维修机构
SMR	Source, Maintenance, and Recoverability Code	资源、维修与回收代码
SPAWAR	Space and Naval Warfare Systems Command	航天与作战系统司令部
SPSR	Spare Parts Satisfaction Rate	备件满足率
SPTMDE	System Peculiar Test, Measurement, and Diagnostic Equipment	系统专用测试、测量和诊断设备
SPUR	Spare Parts Utilization Rate	备件利用率
SRA	Special Repair Activities	特殊修理机构*
SRL	Sense and Respond Logistics	感知与响应后勤
SRS	Submarine Repair Ship	潜艇修理船
SRU	Shop Replaceable Unit	车间可更换单元
SS	Service Squadron	勤务中队
SS	Supportability Strategy	保障性策略*
SS	Supply Ships	补给舰船
SSA	Supply Support Activities	供应保障活动*
SSG	Service Support Group	勤务支援大队
SSR	Ship Specification for Repair	舰船修理标准
ST	Service Troops	勤务部队
STB	Special Troops Battalion	专业部队营
SWS	Spider Web Sustainment	蛛网式保障

续表

	T	
TA	Theater Army	战区陆军*
TA-LCMC	Tank-Automotive and Armaments Life Cycle Management Command	坦克机动车辆与武器寿命周期管理司令部
TAV	Total Asset Visibility	全资产可视化
TCC	Transportation Control Center	运输控制中心
TD	Theater Distribution	战区分配*
TDA	Table of Distribution and Allowances	分配与供应表*
TDT	Trial Defense Team	审判辩护小组*
TFLC	Task Force Logistics Coordinator	特遣部队后勤协调官
TI	Technical Inspections	技术检查
TM	Technical Manual	技术手册*
TMDE	Test, Measurement, and Diagnostic Equipment	测试、测量和诊断设备
TO	Theater Opening	战区启动*
TOA	Table of Allowance	编制表
TOE	Table of Organization and Equipment	编制与装备表*
TPE	Theater Provided Equipment	战区提供装备*
TPS	Test Program Sets	测试程序集
TQG	Tactical Quiet Generator	战术无声发电机*
TSC	Theater Sustainment Command	战区保障司令部
TSCDMC	TSC-Distribution Management Center	战区保障司令部配送管理中心
TYAD	Tobyhanna Army Depot	托比汉纳陆军装备修理基地
	U	
ULS-G	Unit Logistics Support System-Ground	部队后勤保障系统-地面兵种*

续表

	U	
UMCP	Unit Maintenance Collection Point	部队维修集中点*
UMT	Unit Ministry Team	牧师小组
URC	Underway Replenishment Coordinator	航行补给协调官
USD	Under Secretary of Defense	国防部副部长
USD(A&S)	Under Secretary of Defense for Acquisition and Support	负责采办与保障的国防部副部长
USD(AT&L)	Under Secretary of Defense for Acquisition, Technology, and Logistics	负责采办、技术与后勤的国防部副部长
USD(C)	Under Secretary of Defense for Comptroller	负责审计的国防部副部长*
USD(I)	Under Secretary of Defense for Intelligence	负责情报的国防部副部长*
USD(P)	Under Secretary of Defense for Policy	负责政策的国防部副部长
USD(R&E)	Under Secretary of Defense for Research and Engineering	负责研究与工程的国防部副部长
USTRANSCOM	United States Transportation Command	美国军事运输司令部
	V	
VM	Velocity Management	速度管理
VM	Virtual Maintenance	虚拟维修
	W	
WAT	Weibull Analysis Tool	威布尔分析工具
WR-ALC	Warner Robins Air Logistics Complex	华纳·罗宾斯空军保障中心
WRA	Weapon Replacement Assembly	可更换的武器部件*
	Z	
Z-LIN	Z-Line Item Number	Z-系列项目编码

中文索引

A

AR 无损检测技术/165
安妮斯顿陆军装备修理基地/48
安装备件/149
奥尔巴尼工厂/71
奥格登空军保障中心/77

B

巴斯托工厂/71
伴随保障合同商/83
伴随补给品/145
半组件/148
报废并更换/88
保管/91
爆炸物 弹药处置/91
爆炸物处理分队/83
保障 支援/5
保障评估/24
保障设备利用率/195
保障设备满足率/196
保障系统/119
保障性/185
保障性分析/166
保障装(设)备/136
备件/149
备件利用率/194
备件满足率/194
便携式(装备)/29
便携式维修辅助装置/125
编制表/175

标准陆军零星供应系统/120
标准系列项目编码/178
并行工程/18
补充方式/111
补充系数/179
部队配送/111
部队战斗勤务保障地域/68
部分任务能力/184
补给 供应/109
补给点配送/110
补给舰船/138
补给品/144
补给品分类/144
补给需求/109
部件/148
部件修理连/55
不具备任务能力/183
步控产品/154
不能复现率/192
部署前训练装备/27

C

参谋长联席会议主席指令/174
测试/87
测试、测量和诊断设备/143
测试程序集/176
拆件修理/105
拆装/88
产品唯一标识/171
产品唯一标识技术/171
车(机)载备件/151

车间可更换单元/152
车间库存品/150
车间装备直接维修车/137
成品/147
成品组件/147
持续维修能力/8
持续性/10
重测合格率/193
重建/89
重新部署　回撤/90
重新利用/92
重置/89
重组/89
储备/153
储备目标/153
初始备件/149
初始供应/111
初始检查/100
初始作战能力/181
处置/92
船坞登陆舰/139
锤式激活测量系统/140
次要设施/132

D

大修　翻修/89
大修返修率/195
单兵(单装)携行补给品/145
单兵装备/28
单位 机构 设施 职能 任务 行动
　活动/131
弹药专用装备/27
导弹组装与测试设施/134

登陆保障/101
登陆部队补给品/147
登陆区保障地域/73
低级别出版物/174
地区维修中心(陆军)/47
电磁环境效应/191
电子综合自动化保障系统/123
顶级出版物/174
定期维修/19
东部舰队战备中心/62
东道国支援/82
东南舰队战备中心/63
动员和训练装备点/95
端对端(保障)/20
短路/104
短缺物品/154
短缺物品清单/154
队属维修/建制维修/102
多国后勤/4
多国后勤中心或司令官/82
多国联合后勤中心或司令官/81
多国条令/173
多军种(联合作战)条令/173
多类型(维修)/103

E

俄克拉何马空军保障中心/77
额外物资编号/179

F

发动机结构完整性计划/24
非标准系列项目编码/179
非登记出版物(文件)/174

飞机加改装/106
飞机结构完整性计划/22
飞机利用率/192
飞机维修大队/77
飞机维修停飞率/197
飞机维修中队/78
飞机相互维护/106
非可用天数/183
非任务能力——供应/183
非任务能力——维修/183
非统计范围/9
非消耗性补给品与物资/147
飞行进入成套保障物资/157
飞行器综合健康管理系统/128
分类维修/73
分配　配发　配置/109
分系统/26
复合工具套件/139
腐蚀防控信息管理系统/123
负责采办、技术与后勤的国防部
　　副部长/33
负责采办与保障的国防部
　　副部长/34
负责后勤与物资战备的副部长
　　帮办/34
负责研究与工程的国防部
　　副部长/34
负责政策的国防部副部长/33

G

改造/90
感知与响应后勤/13
更换/88

工厂装(设)备/142
公共部门/82
工位/135
工序/134
供需平衡日/112
供应短缺/113
工作台库存品/150
固定设施、永久性设施/131
固定装备维修机构/131
固有可用度/185
故障/182
故障报告、分析和纠正措施
　　系统/129
故障隔离/88
故障隔离率/193
故障检测率/192
故障率/188
故障模式/23
故障模式与影响分析/23
故障树分析/168
故障危害性分析/167
故障影响/23
故障预测与健康管理系统/128
关键安全产品/149
关键特性/182
规定携行量清单/155
过程中检查/100
国防部副部长/33
国防部机构地址代码/176
国防工业基地/132
国防合同管理局/37
国防后勤局/35
国防后勤局部队保障司令部/36

国防后勤局航空司令部/36
国防后勤局陆上和海上司令部/36
国防后勤局能源司令部/36
国防后勤局配送司令部/36
国防后勤局物资处理勤务
　司令部/37
国家库存管理策略/22
国家库存品编号/177
国民警卫队和后备役部队现役
　成员/84
国内永久设施/132

H

哈尼维尔数据设备/140
海军部/58
海军补给品/146
海军船厂/60
海军供应系统司令部/58
海军海上系统司令部/58
海军航空货运连/67
海军航空系统司令部/59
海军航空维修保障数据系统/122
海军货物装卸营/67
海军货物装卸与港口大队/67
海军陆战队后勤基地司令/70
海军陆战队后勤司令部/70
海军陆战队基地维修司令部/71
海军陆战队系统司令部/70
海军前方后勤站(点)/68
海军前进后勤支援站(点)/67
海军区域维修中心/62
海军远征后勤保障部队/66
海军运输保障中心/60

海上预置部队/66
海上预置船/139
海上支援 海上补给/112
航空兵保障机构/51
航空兵分类与修理基地/50
航空兵后勤保障舰船/72
航空与导弹寿命周期管理
　司令部/44
航天与作战系统司令部/60
航行补给协调官/64
合同保障官/37
合同保障官代表/37
合同保障机构主管/37
合同保障旅/52
合同保障行政管理军官/37
合同商保障/20
合同维修/21
核心(维修)能力/8
核心维修能力利用率指标/198
核心维修能力满足度指标/198
核心(维修)能力需求/8
核心维修任务/9
核心自动化维修系统/126
核准库存清单/155
红河陆军装备修理基地/48
红外线检测技术/165
后方地域/49
后方地域安全防护/49
后方分队装备/28
后留装备/28
后留装(设)备/142
后勤/3
后勤保障/3

后勤保障方案/96
后勤补给/112
后勤地幅/地域/地带/49
后勤可保障性分析/97
后勤民力增补计划/84
后勤滩头作业/103
后勤现代化项目/120
后勤协调官/64
后勤战备中心/62
后送/92
后续保障成套物资配备/157
后续备件/149
互救　类似装备抢救/107
华纳·罗宾斯空军保障中心/77
划区保障/20
恢复功能任务时间/204
回收/92
回收品　回收处理/92
回收作业/113
货架产品/146
获取/91

I

I-系列项目编码/178

J

基本发行产品/147
基本携行量/155
基础出版物/174
基地/132
基地级可修复件/151
基地级维修/102
基地级(支援级)维修机构/133

基地级维修能力/8
基地级维修生产能力/9
基地群/133
基地维修公私合作/83
基地维修工作量/180
基地维修工作要求/179
基地维修核心能力/9
基地运行保障/133
基地运行保障主管/133
机动联络组/94
机动性/11
激光熔覆技术/163
激光涂层去除技术/164
机内测试技术/164
技术检查/98
技术鉴定/91
技术性能/181
技术支援/91
技术资料/175
集团军勤务地域/50
基于性能的保障/16
基于状态的维修/14
检测/87
检查/87
检查与分类/87
《舰船维修协议》/65
舰船修理标准/175
《舰船修理总协议》/65
舰船综合状态评估系统/122
舰队补给品装货单/156
舰队后勤协调官/64
舰队物资保障办公室/64
舰队与工业供应中心/63

间接维修工时/199

舰上维修车间/66

间歇故障测试技术/169

间歇性故障检测和隔离系统/129

简易基地/132

简易性/10

简易远征机场/73

交互式电子技术手册/142

校准/89

经济性/11

警戒 防卫/93

精确保障/13

精益六西格玛/14

精益维修/13

聚焦后勤/12

军事海运司令部/60

军事设施/131

军事水陆部署与配送司令部/45

军事需求/5

军事资源/5

军支援司令部/47

军种/3

军种部/38

军种部部长/38

军种间支援/96

K

开机率/188

靠前保障维修/103

可达可用度/186

可回收品/146

可靠度/185

可靠性与维修性信息系统/128

科珀斯·克里斯蒂陆军装备
　修理基地/49

可修件/151

可用度/184

可用天数/183

可用性系数/199

空军保障中心/76

空军部/75

空军后勤管理局/76

空军审计局/76

空军装备司令部/75

空中机动司令部/75

空中停车率/193

库存品/150

库存物资应急保留 应急储备
　加大储备/154

跨部门协调/96

跨级调整利用/97

快速提升(能力)/8

L

莱特肯尼陆军装备修理基地/48

冷喷涂技术/162

离位维修/103

联邦补给品分类管理/144

联合/3

联合岸滩后勤行动/96

联合岸滩后勤指挥官/63

联合部署与配送体系/4

联合参谋部后勤部/39

联合参谋部作战条令负责人/39

联合参谋机构 联合参谋部/39

联合出版物/173

联合弹药与致命武器寿命周期
　　管理司令部/44
联合后勤/4
联合后勤体系/4
联合基地/133
联合计划小组/41
联合计划与实施机构/41
联合勤务/4
联合全资产可视化/14
联合缺陷报告系统/119
联合设施利用委员会/42
联合试行出版物/173
联运作业/113
两级维修策略/19
临抢修　中期检修/107
临时性修复/104
零件　元器件/148
零件编号/179
陆军部/43
陆军航空兵保障设施/51
陆军航空飞行机构/50
陆军航空作业机构/50
陆军合同司令部/45
陆军工作和绩效系统/121
陆军野战支援营/52
陆军预置预储/112
陆军支援司令部/47
陆军装备司令部/43
陆战队布朗特岛司令部/71
陆战队后勤中心/70
陆战队空地特遣部队部署支持
　　系统Ⅱ/123
陆战队空地特遣部队系统Ⅱ/124

陆战队空地特遣部队系统Ⅱ
　　后勤自动化信息系统/124
陆战队远征分队勤务保障队/74
旅保障营/53

M

美国军事运输司令部/38
敏捷后勤/12
敏捷性/10
敏捷战斗保障/17
摩擦搅拌焊接技术/166
模块/148
磨损率/189

N

耐用品/152
能力/6
（能力）瓶颈/8
年日历工时/198
年维修时间/198
诺福克海军船厂/61

P

排除故障/89
旁路/104
配送点/111
配送方法/110
配送管理/110
配送式后勤/12
配送系统/110
配置/90
配置状态统计/179
批号　序号/152

皮吉特海军船厂/61
平均保障延误时间/201
平均保障资源延误时间/205
平均不能工作事件间隔时间/207
平均拆卸间隔时间/203
平均故障检测时间/201
平均故障间隔飞行小时/206
平均故障间隔时间/201
平均管理延误时间/202
平均寿命/182
平均维护时间/200
平均维修活动间隔时间/205
平均维修间隔时间/202
平均维修时间/200
平均修复时间/199
平均修复性维修时间/204
平均需求间隔时间/203
平均预防性维修时间/204
平均致命性故障间隔时间/206
平时部队物资需求量/153
平时物资消耗与损失量/153
平台/29
朴斯茅斯海军船厂/61

Q

企业资产跟踪/171
前方保障连/55
前方弹药油料补给点/73
前换后修/19
前进后勤支援站(点)/51
前进基地/50
嵌入式测试设备/143
嵌入式故障诊断设备/141

潜艇修理船/137
勤务部队/66
勤务大队/66
勤务支援大队/72
勤务中队/67
清除/90
请领活动/110
轻武器/28
区域维修保障机构/133
区域战备中心/62
驱逐舰修理船/138
全般支援/6
全球作战保障系统/117
全球作战保障系统海军陆战队
　分系统/118
全球作战保障系统空军
　分系统/118
全球作战保障系统陆军
　分系统/117
全寿命周期管理/21
全资产可视化/14
缺陷/182

R

人工智能技术/165
任务必需装备/27
任务成功率/189
任务可靠度/185
任务量/9
任务前检查/98
软件/29
软件维护/107

S

商业产品/146
商业机构/82
设施/131
设施代用品/134
设施指挥官/42
申请　征用/92
申请补充点/94
生存性/10
实施/95
实施计划/95
实体模型/29
失效/182
使用操作人员维修/103
使用后检查/99
使用间检查/99
使用可用度/186
使用前检查/99
收集与分类连/54
受控替换/105
寿命周期/183
寿命周期管理司令部/43
水射流切割技术/166
数字孪生技术/163
私人部门/82
私营船厂/65
搜救与回收大队/84
速度管理/25
随生产采办备件/150
损耗率/187

T

坦克机动车辆与武器寿命周期
　管理司令部/44
滩头保障大队/73
滩头保障队(组)/73
滩头支援区/69
特遣部队后勤协调官/64
特殊目的改装/90
特殊任务改装/90
特殊修理授权/105
替代/105
替代产品/154
提前换发率/194
调整/88
停站快速维修/20
通道/156
通信安全后勤保障分队/83
通信电子设备寿命周期管理
　司令部/44
通用保障力量/81
通用补给品/146
通用航空工具系统/140
通用后勤/5
通用后勤事务的牵头军种
　或机构/81
通用或共用/134
通用勤务/5
通用试验、测量和诊断设备/141
通用替代品/146
通用维修保障/101
通用物品/146
通用(常用、共用)物资　一般商品
　通用件/149
通用性/187
通用应急保障成套物资

配备表/156
突击保障协调员(机载)/74
托比汉纳陆军装备修理基地/48
吞吐量 通过量/114

W

外场可更换单元/152
完全任务能力/181
威布尔分析工具/139
维持 支持 持续保障/6
维持旅/52
维护 保养/88
卫星装备维修机构/95
维修/87
维修保障法规/172
维修保障中队/79
维修保障组/56
维修标准/172
维修产能/7
维修地域/94
维修点便携式保障设备/140
维修度/184
维修方舱/141
维修工程/18
维修工具箱/143
维修工时/199
维修工时率/192
维修工作站/126
维修管理中队/79
维修活动/95
维修活动平均直接维修工时/207
维修机器人/161
维修技师/56

维修控制/97
维修控制组/56
维修能力/7
维修能力利用率指标/198
维修任务分配表/172
维修设备完好率/196
维修设施完好率/196
维修申请/98
维修事件平均直接维修工时/207
维修停机时间率/197
维修完成概率/195
维修性/184
维修训练系统/127
维修与器材管理系统/121
维修重要产品和装备/152
维修专家系统/129
维修状态/107
武器系统/26
50-50规则/172
无损检测技术/165
物资/145
物资搬运装(设)备/142
物资管理中心/46
物资需求量/153
物资优先次序与分配联合
　委员会/42

X

系列项目编码/178
西南舰队战备中心/63
系统/26
系统保障合同/113
系统平均不工作间隔时间/206

系统平均恢复时间/202
系统专用测试、测量和诊断
　设备/143
先期返回装备/108
消耗率/197
消耗件/151
消耗品/151
消声瓦清除技术/166
卸载港/69
行政截止期限/7
修复率/187
修理/89
修理备件编码/177
修理级别分析/169
修理基地/38
修理零件与专用工具清单/175
修理线（修理车间）/134
修理线（修理车间）类别/134
修理用零部件/151
修理与补充点/74
修理周期/106
虚警率/188
虚拟维修/19

Y

延迟维修/108
演练　预演/10
业务数据仓库/127
野战保障/101
野战订购官/38
野战级可修复件/151
野战级维修/101
野战维修点/56

野战维修分机构/94
野战维修连/55
野战支援旅/51
移动零件医院/162
以可靠性为中心的维修/15
医疗备用装备项目/27
医疗装备/27
以网络为中心的维修/15
应急保障成套物资/155
应急浮动储备/157
应急计划/96
硬件/148
永久性设施/131
优势军种或机构/81
有选择的互换/106
预防性维修/100
预防性维修检查与保养/100
预先配置/95
预置紧急补给品/156
远程故障诊断与维修技术/170
远程维修/20
远程维修保障系统/119
远程诊断服务器/119
原位维修/103
远征保障司令部/45
远征基地舰/138
远征作战保障系统/124
运输控制/111
运输控制中心/46

Z

Z-系列项目编码/178
再补给/109

中文索引

再次申请节点/114
再订购周期/112
在修飞机/28
在运可视性/113
增材制造技术/162
增强现实技术/164
增强现实维修引导系统/129
增强型标准陆军维修系统/121
增强型基于状态的维修/15
增强型诊断助手/127
战备/7
战备完好率/191
战备状态/7
战场抢救/106
战场损伤评估/21
战场损伤评估与修复/17
战斗车辆/28
战斗勤务保障/97
战斗勤务保障分遣队/72
战斗勤务保障区/68
战斗勤务保障要素/72
战斗损伤修复/104
战斗修理组/野战修理组
　库存品/150
战斗支援保障营/54
战区保障合同/114
战区保障司令部/45
战区保障司令部配送管理中心/46
战区提供装备/28
珍珠港海军船厂/61
整合/10
指标/182
直接维修工时/199

直接维修人员/84
直接支援/5
制配或制造/104
执行机构/35
支援级维修/101
支援维修连/54
中队级维修保障中心/126
中继级维修/102
重型前方修理系统/136
中央一体化测试系统/127
主供应商(总承包商)/83
蛛网式保障/17
主要补给线/112
主要武器系统/26
主要用户/82
主要总成/148
专业部队营/53
专业救援　专用装备抢救/107
专用应急保障成套物资
　配备表/156
装备/26
装备返修率/190
装备分类代码/176
装备分类检查/98
装备改装/90
装备管理/6
装备集中点/94
装备失修率/190
装备损伤率/191
装备完好率/189
装备维修/6
装备性能数据/181
装备战备完好性代码/177

装备战损率/190
装备综合管理主管/42
装甲抢修车/136
装配区/134
装载/109
装载港/69
装载阶段/110
资产标识和跟踪/171
自动补给/112
自动测试设备/141
自动识别技术/170
自我抢救/107
自修复技术/161
自修复液态金属电线/162
自修复装甲/161
自愈合防锈添加剂/161
资源、维修与回收代码/171
自主保障信息系统/124

终端作业/114
综合保障标准/175
综合保障工程/16
综合参谋部门/42
综合设施/132
综合维修信息系统/125
综合物资管理/91
总务管理局/68
组件 总成/148
组织实施/94
最终产品代码/176
最终检查/100
最终维修资源(唯一来源)/152
作业环境/10
作战部队/26
作战储备/154
作战(工作)性能/181

英文索引

A

Accompanying supplies/145
Achieved availability/186
Acoustic tile removal technology/166
Active guard and reserve/84
Activity/131
Additive manufacturing/162
Adjust and/or align/88
Administrative contracting officer/37
Administrative deadline/7
Advance replacement rate/194
Advanced base/50
Advanced logistics support site/51
Afloat pre-positioning force/66
Afloat support/112
After operation checks/99
Agile combat support/17
Agile Logistics/12
Agreement for Boat Repair/65
Air Force Audit Bureau/76
Air Force Logistics Management Bureau/76
Air Force (materiel Command) Center/75
Air Logistics Complexes/76
Air Mobility Command/75
Air parking rate/193
Aircraft cross-servicing/106
Aircraft maintenance grounded rate/197
Aircraft maintenance group/77
Aircraft maintenance squadron/78
Aircraft modification/106
Aircraft structural integrity program/22
Aircraft utilization/192
Albany Production Plant/71
Ammunition peculiar equipment/27
Anniston army depot/48
Annual paid hours/198
Annual productive hours/198
Area maintenance support activity/133
Area support/20
Armored recovery vehicle/136
Army aviation flight activity/50
Army aviation operating facility/50
Army aviation support facility/51
Army Contracting Command/45
Army Field Support Brigade/51
Army Field Support Battalion/52
Army Materiel Command/43
Army pre-positioned stocks/112
Army service area/50
Army Support Command/47
Army workload and performance system/121
AR non-destructive testing technology/165
Artificial intelligence technology/165
Assault support coordinator (airborne)/74

Assembly/148

Assembly area/134

Asset marking and tracking/171

Associated support items of equipment/136

Attrition rate/187

Augmented reality/164

Augmented reality maintenance guidance system/129

Authorized stockage list/155

Automatic supply/112

Automated identification technology/170

Automatic test equipment/141

Autonomic logistics information system/124

Availability/184

Availability factor/199

Available days/183

Average life span/182

Aviation and Missile Life Cycle Management Command/44

Aviation classification and repair activity depot/50

Aviation logistics support ship/72

Aviation support facility/51

B

Bare base/132

Bare base expeditionary airfield/73

Barstow Production Plant/71

Base/132

Base cluster/133

Base Issue Item/147

Base operating support/133

Base operating support – integrator/133

Basic load/155

Bathe damage repair/104

Battlefield damage assessment/21

Battlefield damage assessment and repair/17

Battlefield recovery/106

Beach party Team/73

Beach support area/69

Before operation checks/99

Below – the – line publications/174

Bench stock/150

Bottleneck/8

Brigade support battalions/53

Built – in test/164

Built – in test equipment/143

Bypass/104

C

Calibrate/89

Cannibalize/105

Cannot duplicate rate/192

Capacity/6

Capstone publication/174

Cargo increment number/179

Categories inspections/98

Central integrated test system/127

Chairmanof the Joint Chiefs of Staff Instruction/174

Checkout/87

Classes of supply/144
Classification maintenance/73
Clear/89
Cold spray repair technology/162
Collection and classification company/54
Combat readiness rate/191
Combat service support/97
Combat service support area/68
Combat service support detachment/72
Combat service support element/72
Combat Sustainment Support Battalion/54
Combat vehicle/28
Commander, Marine Corps Materiel Logistics Bases/70
Commercial activities/82
Commercial items/146
Common aviation tool system/140
Common contingency support package allowances/156
Common item/149
Common servicing/5
Common supplies/146
Common use/134
Common use alternatives/146
Common – user item/146
Common – user logistics/5
Commonality/187
Communications – Electronics Life Cycle Management Command/44
Communications security logistics support unit/83
Communications zone/49
Component/148
Component of end item/147
Component repair company/55
Composite tool kit/139
Concept of logistic support/96
Concurrent engineering/18
Condition – based maintenance/14
Condition – based maintenance plus/15
Condition of maintenance facilities/196
Configuration/90
Configuration status accounting/179
Consumable items/151
Consumption rate/197
Contingency plan/96
Contingency retention stock/154
Contingency support package/155
Continuity/10
Contract Support Brigade/52
Contract maintenance/21
Contracting Officer/37
Contracting Officer Representative/37
Contractor support/20
Contractors authorized to accompany the force/83
Controlled exchange/105
Core automatic maintenance system/126
Core capability/8
Core capability attainment

indicator/198
Core capability requirement/8
Core capability utilization indicator/198
Core sustaining workload/9
Corps Support Command/47
Corpus Christi Army Depot/49
Corrosion control information management system/123
Critical characteristics/182
Critical item/154
Critical item list/154
Critical safety item/149
Cross – leveling/97
CRT/FMT stock/150
Custody/91

D

Dedicated – recovery/107
Defense Contract Management Agency/37
Defense industrial base/132
Defense Logistics Agency/35
Deferred maintenance/108
Deficiency/182
Department of defense activity address code/176
Department of the Air Force/75
Deportment of the Army/43
Department of the Navy/58
Depot/38
Depot – level reparable item/151
Depot maintenance/102

Depot maintenance activity/133
Depot maintenance capability/8
Depot maintenance capacity/9
Depot maintenance core capability/9
Depot maintenance public private partnership/83
Depot maintenance work requirement/179
Depot maintenance workload/180
Deputy Under Secretary of Defense for Logistics and Materiel Readiness/34
Destroyer tender repair ship/138
Digital twins technology/163
Direct labor hours/199
Direct maintenance man – hours per maintenance action/207
Direct maintenance man – hours per maintenance event/207
Direct production worker/84
Direct support/5
Discard and replace/88
Disposal/92
Distribution/109
Distribution based logistics/12
Distribution management/110
Distribution methods/110
Distribution point/111
Distribution system/110
DLA Aviation Command/36
DLA Disposition Services/37
DLA Distribution Command/36

DLA Energy Command/36
DLA Land and Maritime
　Command/36
DLA Troop Support Command/36
Dominant user/82
Durable items/152
During operations checks/99

E

Early return equipment/108
Economy/11
Electromagnetic consolidated automatic
　support system/123
Electromagnetic environmental
　effect/191
Embarkation/109
Embarkation phase/110
Embedded fault diagnosis device/141
End item code/176
End – to – End/20
Enduring plant capacity/8
Engine structural integrity
　program/24
Enhanced diagnostics aid/127
Enterprise asset tracking/171
Enterprise data warehouse/127
Equipment/26
Equipment category code/176
Equipment concentration site/94
Equipment damage rate/191
Equipment disrepair rate/190
Equipment end item/147
Equipment integrity rate/189

Equipment loss rate/190
Equipment performance data/181
Equipment readiness code/177
Equipment repair rate/190
Evacuation/92
Exclusions/9
Execution/94
Executive agent/35
Expeditionary combat support
　system/124
Expeditionary Sustainment
　Command/45
Expendable items/151
Explosive ordnance disposal/91
Explosive ordnance disposal unit/83

F

Fabricate and/or manufacture/104
Facility/131
Facility substitutes/134
Failure/182
Failure criticality analysis/167
Failure effect/23
Failure mode/23
Failure mode and effect analysis/23
Failure rate/188
Failure report, analysis & corrective
　action system/127
False alarm rate/188
Fault/182
Fault detection rate/192
Fault isolation/88
Fault isolation rate/193

Fault tree analysis/168
Federal supply class management/144
Field maintenance/101
Field maintenance company/55
Field maintenance point/56
Field maintenance sub activity/94
Field Ordering Officer/38
Field support/101
Field – level reparable item/151
Fifty – Fifty Rule/172
Final inspections/100
Fleet and industrial supply center/63
Fleet issue load list/156
Fleet Logistics Coordinator/64
Fleet Readiness Center EAST/62
Fleet Readiness Center SE/63
Fleet Readiness Center SW/63
Fleet materiel support office/64
Floating dump/157
Fly – in support package/157
Focused logistics/12
Follow – on spares/149
Follow – on support package allowances/157
Force combat service support area/68
Force distribution/111
Forward arming and refueling point/73
Forward repair system – heavy/136
Forward support company/55
Forward support maintenance/103
Friction stir welded technology/166
Fully mission capable/181
Funded operations utilization indicator/198

G

General purpose test, measurement and diagnostic equipment/141
General Services Administration/68
General shop support/101
General support/6
General support forces/81
Global Combat Support System/117
Global Combat Support System – Air Force/118
Global Combat Support System – Army/117
Global Combat Support System – Marine Corps/118
Guarantee equipment satisfaction rate/196

H

Hammer activated measurement system for testing and evaluating rubber/140
Hardware/148
Headof Contracting Activity/37
Honeywell Data Device/140
Host – nation support/82

I

I – line item number/178
Implementation/95
Implementation planning/95
In – transit visibility/113
Index/182

英文索引

Indirect labor hours/199
Individual equipment/28
Individual reserves/145
Infrastructure/131
Inherent availability/185
Initial inspections/100
Initial operating capability/181
Initial provisioning/111
Initial spares/149
Inspect/87
Inspection and classification/87
Installation/131
Installation commander/42
Installation complex/132
Installation materiel maintenance activity/131
Installation spares/149
Intact rate of maintenance equipment/196
Integrated logistics specifications/175
Integrated Logistics Support/16
Integrated maintenance information system/125
Integrated materiel management/91
Integrated materiel manager/42
Integrated staff/42
Integrated vehicle health management/128
Integration/10
Inter–service support/96
Interactive Electronic Technical Manual/142
Interagency coordination/96
Interim overhaul/107
Intermediate maintenance/102
Intermittent fault detection and isolation system/129
Intermittent fault diagnosis techniques/169
Intermodal operations/113
Item unique identification/171
Item unique identification technology/171

J

Joint/3
Joint base/133
Joint defect reporting system/119
Joint deployment and distribution enterprise/4
Joint Facilities Utilization Board/42
Joint logistics/4
Joint logistics enterprise/4
Joint Logistics Over–the–Shore Commander/63
Joint logistics over–the–shore operation/96
Joint Materiel Priorities and Allocation Board/42
Joint Munitions and Lethality Life Cycle Management Command/44
Joint planning and execution community/41
Joint planning group/41
Joint Publication/173
Joint servicing/4

JOINT STAFF/39
Joint Staff Doctrine Sponsor/39
Joint Test Publication/173
Joint total asset visibility/14

K

Keystone Publications/174

L

Landing force supplies/147
Landing ship dock/139
Landing support/101
Landing zone support area/73
Laser paint removal technology/164
Laser surface coating technology/163
Last source of repair/152
Lead service or agency for common – user logistics/81
Lean Maintenance/13
Lean Six Sigma/14
Left behind equipment/28
Letterkenny army depot/48
Level of repair analysis/169
Life cycle/183
Life – cycle management/21
Life Cycle Management Command/43
Like – vehicle recovery/107
Line item number/178
Line replaceable unit/152
Logistics/3
Logistics assessment/24
Logistics civilian augmentation program/84
Logistics Coordinator/64
Logistics Directorate of a JOINT STAFF/39
Logistics modernization program/120
Logistics over – the – shore operations/103
Logistics readiness center/62
Logistics replenishment/112
Logistics support/3
Logistics supportability analysis/97

M

Main supply route/112
Maintainability/184
Maintenance/87
Maintenance allocation chart/172
Maintenance and materiel management system/121
Maintenance application/98
Maintenance area/94
Maintenance capability/7
Maintenance capacity/7
Maintenance completion probability/195
Maintenance control/97
Maintenance control section/56
Maintenance degree/184
Maintenance downtime rate/197
Maintenance Engineering/18
Maintenance expert system/129
Maintenance man – hour/199
Maintenance man – hours ratio/192

Maintenance operations/95
Maintenance operations squadron/79
Maintenance robot/161
Maintenance shelter/141
Maintenance significant item and/or materiel/152
Maintenance squadron/79
Maintenance standard/172
Maintenance status/107
Maintenance support regulations/172
Maintenance support team/56
Maintenance technician/56
Maintenance training system/127
Maintenance work site/126
Major assembly/148
Major weapon system/26
Man portable/29
Marine air – ground task forceⅡ/124
Marine air – ground task force Ⅱ/logistics automated information system/124
Marine air – ground task force deployment support system Ⅱ/123
Marine Corps Blount Island Command/71
Marine Corps Depot Maintenance Command/71
Marine Corps Logistics Center/70
Marine Corps Materiel Command/
Marine Corps Systems Command/70
Marine expeditionary unit service support group/74
Marine Logistics Command/70

Maritime pre – positioning ships/139
Master Ship Repair Agreement/65
Materiel/145
Materiel change/90
Materiel handling equipment/142
Materiel maintenance/6
Materiel management/6
Materiel management center/46
Materiel requirements/153
Mean administrative delay time/202
Mean failure interval flight hours/206
Mean fault detection time/201
Mean guarantee delay time/201
Mean logistics delay time/205
Mean preventive maintenance time/204
Mean time between critical failures/206
Mean time between demands/203
Mean time between downing events/207
Mean time between failures/201
Mean time between maintenance/202
Mean time between maintenance actions/205
Mean time between removals/203
Mean time between system downing/206
Mean time to maintenance/200
Mean time to repair/199
Mean time to repair/204
Mean time to restore system/202
Mean time to service/200

Medical equipment/27
Medical standby equipment program/27
Military Construction/131
Military Department/38
Military requirement/5
Military resources/5
Military Sealift Command/60
Minor installation/132
Missile assembly – checkout facility/134
Mission essential materiel/27
Mission reliability/185
Mission time to restore function/204
Mobile contact team/94
Mobile parts hospital/162
Mobility/11
Mobilization and training equipment site/95
Mock – up/27
Modification/90
Module/148
Most capable service or agency/81
Movement control/111
Multi – Service Doctrine/173
Multinational Doctrine/173
Multinational Joint Logistics Center or Commander/81
Multinational Logistics/4
Multinational Logistics Center or Commander/82

N

National infrastructure/132

National inventory management strategy/22
National stock number/177
Naval advanced logistics support site/67
Naval air cargo company/67
Naval Air Systems Command/59
Naval aviation maintenance support data system/122
Naval beach group/73
Naval cargo handling and port group/67
Naval cargo handling battalions/67
Naval expeditionary logistics support/66
Naval forward logistics site/68
Naval regional maintenance center/62
Naval Sea Systems Command/58
Naval shipyard/60
Naval stores/146
Naval Supply Systems Command/58
Naval Transportation Support Center/60
Network – Centric Maintenance/15
Non – destructive testing technology/165
Non – Registered Publication/174
Nonavailable days/183
Nonexpendable Supplies and materiel/147
Nonstandard line item number/179
Norfolk/61

Not mission capable/183
Not mission capable maintenance/183
Not mission capable maintenance – supply/183

O

Off – site maintenance/103
Off – the – shelf item/146
Ogden Air Logistics Complex/77
Oklahoma City Air Logistics Complex/77
On – board repair shop/66
On – board spares/151
On – site maintenance/103
Operating forces/26
Operational availability/186
Operational characteristics/181
Operational environment/10
Operation rate/188
Operational readiness/7
Operational reserve/154
Operator and/or crew maintenance/103
Organizational maintenance/102
Overhaul/89
Overhaul rate/195

P

P – day/112
Packup kit/143
Pacing items/154
Part/148
Part number/179

Partially mission capable/184
Peacetime force materiel requirement/153
Peacetime materiel consumption and losses/153
Pearl Harbor/61
Peculiar contingency support package allowances/156
Performance – Based Logistics/16
Pipeline/156
Pit – Stop/20
Plant equipment/142
Platform/29
Point – of – maintenance system/140
Port of debarkation/69
Port of Embarkation/69
Portable maintenance aid/125
Portsmouth/61
Pre – position/95
Precision support/13
Precombat checks/98
Predeployment training equipment/27
Prepositioned emergency supplies/156
Prescribed load list/155
Preventive Maintenance/100
Preventive maintenance checks and service/100
Prime vendor/83
Private sector/82
Private shipyard/65
Probability of success/189
Process inspections/100
Procurement/91

Product mix/103
Production shop category/134
Prognosis and health
  management/128
Public sector/82
Puget Sound/61

R

Rate of equipment utilization/195
Readiness/7
Rear area/49
Rear area security/49
Rear detachment equipment/28
Rebuild/89
Recapitalization/89
Reclamation/92
Recoverable item/146
Recovery/92
Red River Army Depot/48
Redeployment/90
Regional maintenance center/47
Regional readiness center/62
Rehearsal/10
Reliability and maintainability
  information system/128
Reliability Centered Maintenance/15
Reliability degree/188
Remain – behind equipment/142
Remote diagnosis and maintenance
  technology/170
Remote diagnosis server/119
Remote maintenance/20
Removal/90

Remove install/88
Reorder cycle/112
Reorder point/94/114
Repair/89
Repair and replenishment point/74
Repair cycle/106
Repair cycle aircraft/28
Repair parts/151
Repair Parts and Special Tools
  List/175
Repair parts code/177
Repair rate/187
Reparable item/151
Replace/88
Replace forward and repair rear/19
Replacement factor/179
Replenishment systems/111
Requiring activity/110
Requisition/92
Reset/89
Responsiveness/10
Resupply/109
Retest qualified rate/193

S

Salvage/92
Salvage group/84
Salvage operation/113
Satellite materiel maintenance
  activity/95
Scheduled maintenance/19
Secretary of a military department/38
Security/93

Selective interchange/106
Self – recovery/107
Self – healing anti – rust additive/161
Self – healing armor/161
Self – healing liquid metal wire/162
Self – healing technology/161
SenseAnd Respond Logistics/13
Serial/152
Service/3
Service/88
Service group/66
Service squadron/67
Service support group/72
Service troops/66
Ship integrated condition assessment system/122
Ship specification for repair/175
Shop/134
Shop equipment contact maintenance/137
Shop replaceable unit/152
Shop stock/150
Short circuit/104
Short supply/113
Simplicity/10
Small arms/28
Software/29
Software maintenance/107
Source, maintenance, and recoverability code/171
Space And Naval Warfare Systems Command/60

Spare/149
Spare parts satisfaction rate/194
Spare parts utilization rate/194
Spares acquisition integrated with production/150
Special mission alteration/90
Special purpose alteration/90
Special repair authority/105
Special troops battalion/53
Spider Web Sustainment/17
Squadron – level maintenance support center/126
Standard army retail supply system/120
Standard army maintenance system – enhanced/121
Standard line item number/178
Stock/150
Stockage objective/153
Storage/153
Subassembly/148
Submarine repair ship/137
Substitute/105
Substitute item/154
Subsystem/26
Supplies/144
Supply/109
Supply point distribution/110
Supply requirement/109
Supply ships/138
Support/5
Support equipment/136

Support maintenance company/54
Support system/119
Supportability/185
Supportability analysis/166
Surface Deployment and Distribution Command/45
Surge/8
Survivability/10
Sustainability/10
Sustainment/6
Sustainment Brigade/52
Sustainment maintenance/101
System/26
System peculiar test, measurement, and diagnostic equipment/143
System support contract/113

T

Table of allowance/175
Tank – Automotive And Armaments Life Cycle Management Command/44
Task Force Logistics Coordinator/64
Technical assistance/91
Technical characteristic/181
Technical evaluation/91
Technical information/175
Technical inspections/98
Telemaintenance support system/119
Temporary repair/104
Terminal operations/114
Test/87
Test program sets/176

Test, measurement, and diagnostic equipment/143
Theater provided equipment/28
Theater support contract/114
Theater Sustainment Command/45
Thermal wave detection technology/165
Throughput/114
Tobyhanna Army Depot/48
Total Asset Visibility/14
Transportation control center/46
TSC – Distribution Management Center/46
Two – Level Maintenance/19

U

Under Secretary of Defense/33
Under Secretary of Defense for Acquisition And Support/34
Under Secretary of Defense for Acquisition, Technology, and Logistics/33
Under Secretary of Defense for Policy/33
Under Secretary of Defense for Research and Engineering/34
Underway Replenishment Coordinator/64
United States Transportation Command/38

V

Velocity management/25

Virtual maintenance/19

W

Warner Robins Air Logistics
　　Complex/77
Water jet cutting technology/166
Weapon system/26
Wear rate/189

Weibull Analysis Tool/139
Work position/135
Work station/134
Workload/9

Z

Z – line item number/178

参考文献

[1] Headquarters, Department of Army. ATP 4-90, Brigade Support Battalion [Z]. Washington, D C: Government Printing Office, 2020.

[2] Headquarters, Department of Army. FM 7-93, Long-Range Surveillance Unit [Z]. Washington, D C: Government Printing Office, 2020.

[3] United States Department of Defense. Joint Publication 4-0, Joint Operation [Z]. Washington, D C: Government Printing Office, 2019.

[4] PBL Guidebook: A guide to Developing Performance-Based Arrangement [M]. U. S. Department of Defense, 2016.

[5] United States Department of Defense. Joint Publication 4-09, Distribution Operations [Z]. Washington, D C: Government Printing Office, 2013.

[6] United States Department of Defense. Joint Publication 4-01.4, Joint Tactics, Techniques, and Procedures for Joint Theater [Z]. Washington, D C: Government Printing Office, 2000.

[7] United States, Department of Army. FM 3-0, Operations [Z]. Washington, D C: Government Printing Office, 2017.

[8] United States, Department of Army. ADP 3-0, Operations [Z]. Washington, D C: Government Printing Office, 2017.

[9] United States, Department of Army. ADRP 3-0, Operations [Z]. Washington, D C: Government Printing Office, 2017.

[10] United States, Department of Army. ADP 4-0, Sustainment [Z]. Washington, D C: Government Printing Office, 2012.

[11] United States, Department of Army. ADRP 4-0, Sustainment [Z]. Washington, D C: Government Printing Office, 2012.

[12] Headquarters, Department of Army. ATP 4-42.2(FM 10-15), Supply Support Activity Operations [Z]. Washington, D C: Government Printing Office, 2014.

[13] Headquarters, Department of Army. ATTP 4-33(FM 4-30.3), Maintenance Operations [Z]. Washington, D C: Government Printing Office, 2011.

[14] Headquarters, Department of Army. Army Regulation 710-2, Supply Policy Below the National Level [Z]. Washington, D C: Government Printing Office, 2008.

[15] Headquarters, Department of Army. FM 10-1, Quartermaster Principles [Z]. Washington, D C: Government Printing Office, 1994.

[16] Headquarters, Department of Army. FM 4-40, Quartermaster Operations [Z]. Washington, D C: Government Printing Office, 2013.

[17] Headquarters, Department of Army. Army Regulation 750-1, Army Materiel Maintenance

Policy[Z]. Washington, D C: Government Printing Office, 2013.
[18] Headquarters, Department of Army. Army Regulation 710-1, Centralized Inventory Management of the Army Supply System[Z]. Washington, D C: Government Printing Office, 2016.
[19] Headquarters, Department of Army. Army Regulation 710-3, Inventory Management Asset and Transaction Reporting System[Z]. Washington, D C: Government Printing Office, 2016.
[20] Headquarters, Department of Army. Army Regulation 740-1, Storage and Supply Activity Operations[Z]. Washington, D C: Government Printing Office, 2008.
[21] Headquarters, Department of Army. FM 4-0, Sustainment[Z]. Washington, D C: Government Printing Office, 2009.
[22] Headquarters, Department of Army. ATP 4-94, Theater Sustainment Command [Z]. Washington, D C: Government Printing Office, 2013.
[23] Headquarters, Department of Army. ATP 4-93, Sustainment Brigade [Z]. Washington, D C: Government Printing Office, 2016.
[24] Headquarters, Department of Army. ATP 4-93.1, Combat Sustainment Support Battalion [Z]. Washington, D C: Government Printing Office, 2017.
[25] Headquarters, Department of Army. ATP 4-90, Brigade Support Battalion [Z]. Washington, D C: Government Printing Office, 2014.
[26] Headquarters, Department of Army. ATP 4-91 (FMI 4-93.41), Army Field Support Brigade[Z]. Washington, D C: Government Printing Office, 2011.
[27] Headquarters, Department of Army. ATP 3-35.1, Army Pre-Positioned Operations [Z]. Washington, D C: Government Printing Office, 2015.
[28] STUART T R. Class IX Supply Operations in Operation Iraqi Freedom: Is the U. S. Army's Doctrine Adequate? [R]. Fort Leavenworth, Kansas: School of Advanced Military Studies, United States Army Command and General Staff College, 2004.
[29] LAFALCE J T. AMC Repair Parts Supply Chain[J]. Army Logistician, 2009(3/4): 2-7.